고양이의
기분을
이해하는법

고양이의
기분을
이해하는법

핫토리 유키 지음 | 이용택 옮김

살림

고양이와 건강하고 행복하게 지내고 싶다면

'고양이와 즐겁게 살고 싶다.'

'고양이가 행복했으면 좋겠다.'

이것은 고양이를 키우는 모든 주인의 바람일 것입니다. 이런 바람을 이루려면 알아두어야 할 것이 있습니다.

고양이는 변덕스럽고 미스터리한 점이 매력적인 동물입니다. 자유분방하고 자기 위주로 행동하는 모습 때문이겠죠. 그러나 고양이는 여러 행동으로 자신의 기분을 또렷하게 이야기하고 있습니다. 신기하게 보이는 고양이의 행동에도 모두 이유가 있습니다. 그 점을 알아차린다면 고양이가 보기와 달리 감정이 매우 풍부한 동물이라는 사실을 깨달을 수 있습니다. 그리고 고양이의 새로운 매력을 틀림없이 발견할 수 있을 것입니다.

요즘에는 고양이의 안전을 지키고 이웃을 배려하기 위해 완전 실내 사육을 추천하고 있습니다. 고양이가 스트레스 없이 안심하고 생활할 수 있도록 고양이의 습성에 맞는 사육 방법을 고민해야 합니다.

고양이의 수명은 해마다 늘어납니다. 요즘 20년 넘게 사는 고양이도 드물지 않습니다. 고양이를 오랫동안 건강하게 지내게 하려면 적절한 식사와 건강관리, 질병 조기 발견이 반드시 필요합니다. 고양이에게 질 좋은 식사를 제공하고 충분한 의료 서비스를 받게 하려는 주인의 애정이 고양이의 장수를 뒷받침한다고 할 수 있습니다.

'고양이와 즐겁게 살고 싶다.'
'고양이가 행복했으면 좋겠다.'
이런 바람은 고양이를 더 잘 이해한다면 분명히 이룰 수 있습니다. 이 책은 '고양이의 기분 파악하기', '쾌적한 생활환경 조성하기', '적절한 건강관리 해주기'를 중심으로 고양이와 행복하게 지내는 방법을 설명합니다.

고양이와 고양이를 사랑하는 사람에게 『고양이의 기분을 이해하는 법』이 조금이나마 도움이 되기를 바랍니다.

고양이의 기분을 이해하기 위한 10가지 약속

1. 고양이 몸의 비밀을 알아주세요.

 우리는 개미가 잔디밭 위를 기어가는 소리까지 들을 수 있을 만큼 청각이 발달했고(p.16), 높은 곳에서 떨어져도 착지를 잘해요(p.70). 하지만 약점도 많다는 사실을 알아주세요(p.12~24).

2. 고양이가 사람에게 전하려는 기분을 살펴주세요.

 우리는 울음소리, 표정, 몸짓으로 풍부한 감정 표현을 하고 있어요(p.38~64).

3. 사람이 좋아하는 냄새와 음식이 고양이에게는 독이 될 수 있어요.

 인간이 아무렇지도 않게 만지는 아로마 오일, 식물 같은 것들이 우리의 목숨을 앗아갈 수 있어요(p.20, 124).

4. 고양이의 평소 행동을 잘 관찰해주세요.

 몸을 집요하게 핥거나 기지개를 잘 켜지 않으면 질병에 걸렸을 가능성이 있어요(p.22, 46). 평소 모습을 잘 관찰하다가 이상이 있다 싶으면 병원으로 데려가주세요.

5. 집 안에서 마킹을 해도 화내지 마세요.

 발톱 갈기나 스프레이 같은 마킹은 아무리 말려도 멈출 수 없어요. 중성화 수술 혹은 피임 수술을 해서 마킹을 줄이게 하거나 스크래처를 가구에 붙여주세요(p.64, 96, 98, 134).

6. 방 안에 높은 장소와 좁은 장소를 마련해주세요.

우리는 높은 곳에 오르거나 좁은 곳에 숨어드는 것을 아주 좋아해요(p.70, 72). 마음이 편안해지는 장소거든요.

7. 고양이가 밖으로 나갔을 때의 위험을 생각해주세요.

창밖을 바라보는 것은 좋아하지만 그렇다고 밖으로 나가고 싶은 것은 아니에요(p.84). 집에서만 지내면 밖으로 나가는 고양이에 비해 약 3년이나 더 당신과 함께 있을 수 있어요(p.144).

8. 매일 손질해주면 부상과 질병을 예방할 수 있어요.

브러싱(p.88), 칫솔질(p.90), 발톱 깎기(p.92)를 잊지 말고 해주세요. 이를 잊어버리면 부상을 당하거나 병에 걸릴 수 있어요.

9. 고양이가 만족할 때까지 놀아주세요.

실내 사육을 하는 고양이는 아무래도 운동 부족에 빠지기 십상이에요. 날마다 잠깐이라도 좋으니 함께 놀아주세요(p.108).

10. 만일의 상황을 대비해 저금을 해주세요.

고양이 한 마리를 평생토록 키우는 데는 약 130만 엔(1,355만 원)이 들어요. 조금씩이라도 좋으니 우리를 위해 저금을 해주세요(p.148).

차례

제1장

고양이 몸의 비밀

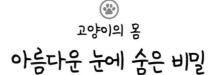

고양이의 몸
아름다운 눈에 숨은 비밀

고양이 눈이 어둠 속에서 번쩍번쩍 빛나는 이유는 고양이 눈에 인간에게는 없는 '휘판(輝板)'이라는 반사층이 있기 때문입니다. 고양이 눈은 인간의 눈보다 40퍼센트나 더 효율적으로 빛을 모을 수 있습니다.

고양이는 시력이 나쁜 동물

고양이는 움직이는 사물을 재빨리 포착하는 동체시력이 발달한 반면 움직이지 않는 사물을 보는 정체시력은 0.2~0.3 정도로 의외로 나쁩니다. 살아오면서 정체시력보다 동체시력이 더 많이 필요했기 때문입니다.

고양이는 야행성 동물이라 새벽녘이나 일몰 후에 활동합니다. 그러므로 어둠 속에서 활동하기 적합한 눈을 갖게 되었습니다. 또한 사냥감이나 적을 재빨리 찾아낼 수 있도록 동체시력이 뛰어나고 시야가 넓습니다.

고양이의 동공은 인간의 약 세 배까지 커지고, 빛에 대한 감도는 인간의 여섯 배가 넘습니다. 그래서 고양이는 어둠 속에서도 움직이는 사물에 민감하게 반응합니다.

1

멈춰 있는 사물은 알아차리지 못할 수도 있다.

정체시력이 그다지 좋지 않아서 움직이지 않는 사물에 반응하지 않기도 합니다. 그 대신 넓은 시야, 빛에 대한 높은 감도, 뛰어난 청각 등으로 나쁜 시력을 보완합니다.

빨간색을 인식할 수 없다.
파란색과 노란색은 인식할 수 있지만 빨간색은 인식하지 못합니다. 빨간색은 거무스름하게 보인다고 합니다.

2

밝기와 감정에 따라 달라지는 동공

밝은 곳에서 동공이 작아지는 이유는 망막을 보호하려고 눈에 들어오는 빛을 줄이기 때문입니다. 어두운 곳에서는 빛의 감도가 높아지므로 동공이 커집니다. 흥분하거나 공포를 느껴도 동공이 커집니다.

눈에 감정이 나타난다.
고양이의 감정은 동공에 나타납니다. 편안한 상태일 때와 흥분한 상태일 때 수염이나 귀의 모양이 다르기도 합니다(p.25, p.43).

3

보석 같은 키튼 블루의 눈

갓 태어난 새끼 고양이 눈은 품종에 상관없이 모두 파랗게 보입니다. 이를 키튼 블루라고 합니다. 생후 약 3개월이 지나면 색소가 생겨나 눈이 녹색이나 노란색으로 바뀝니다. 고양이 중에 샴이나 히말라얀 같은 품종은 다 자라도 파란 눈을 유지합니다. 눈 색깔이 파란 고양이는 체온이 높은 부위에서 색소가 만들어지지 않는 유전자를 갖고 있습니다.

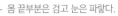

몸 끝부분은 검고 눈은 파랗다.
샴이나 히말라얀 같은 품종은 귀, 코, 발, 꼬리 색깔이 다른 부위보다 짙습니다. 이런 부위는 체온이 낮아 색소가 만들어지기 때문입니다. 이렇듯 짙은 색의 몸 끝부분을 포인티드 (pointed)라 합니다. 반면 눈은 체온이 높아 색소가 만들어지지 않습니다. 이런 현상은 '온감 감수성 유전자'와 관련이 있습니다.

몸 상태를 알려주는 눈

눈에 이상이 생기면 고양이가 질병에 걸렸을 가능성이 높습니다. 눈을 깜빡이는 횟수와 눈물의 양 등을 날마다 점검합니다.

앗?!

보지 마.

눈을 잘 뜨지 못하거나 감지 못하는 것은 질병의 징후

눈을 자주 깜빡이거나 눈꺼풀이 부어 눈을 뜨지 못하는 등 고양이 눈에 이상이 생기면 질병을 의심해야 합니다.

고양이는 각막 표면의 감각이 무뎌 눈에 먼지가 들어간 것쯤은 별 신경을 쓰지 않습니다. 몇 분에 한 번꼴로 눈을 깜빡이는 이유도 눈의 감각이 무디기 때문입니다.

그러나 눈 주변은 의외로 탈이 나기 쉬운 곳입니다. 눈꺼풀 아래에 있는 순막에 이상이 생기기도 합니다. 눈물을 자주 흘리거나 눈곱이 많이 끼면 동물병원에 데리고 가야 합니다.

1

눈물을 자주 흘리거나 눈곱이 많이 낀다.

눈물이 자꾸 나네.

북북

눈곱이 녹황색이거나 하얀색이라면 세균 감염을 의심해봐야 합니다. 눈물이 멈추지 않으면 각막에 상처를 입었을 가능성이 있습니다. 엘리자베스 칼라를 장착해 눈을 비비지 않도록 하는 것이 좋지만 엘리자베스 칼라를 처음 장착하면 고양이가 질색하며 패닉에 빠지기도 하니 조심해야 합니다. 엘리자베스 칼라는 사람 손가락 하나가 들어갈 정도로 여유를 두고 장착해야 합니다.

코가 낮은 고양이는?
페르시안 같이 코가 낮은 품종은 누관이 좁아서 눈물이 쉽게 넘쳐흐릅니다. 따라서 눈물을 수시로 닦아주어야 합니다.

2

누르지 말라고……

흰자위가 누르스름하다.

흰자위는 간 질환 증상인 황달이 나타나는 곳입니다. 고양이의 흰자위는 평소에 거의 보이지 않으므로 위쪽 눈꺼풀을 젖혀 확인하는 습관을 들입니다.

기운이 없어 보이면 흰자위를 살펴본다.
황달이 생긴 상태로 건강하게 지내기는 어렵습니다.

3

순막이 드러나 있다.

평소에 잘 살펴보라고.

순막은 눈을 보호하는 막으로 눈꺼풀 아래에 있습니다. 순막은 눈구석에서 눈꼬리를 향해 눈을 덮듯이 퍼져 있고, 눈꺼풀을 닫을 때 사용합니다. 평상시에 순막이 드러나 있다면 병에 걸린 상태일지도 모릅니다.

흰자위처럼 보이는 것은?
동공 주변에 보이는 것은 흰자위가 아니라 홍채입니다.

순막

동공의 크기도 잘 살핀다.
흰자위나 순막 외에 동공의 크기도 잘 살핍니다. 좌우 동공의 크기가 다르면 질병에 걸렸을지 모릅니다.

고양이의 몸
어떤 소리든 듣는 귀

고양이의 청각은 어둠 속에서 사냥감의 움직임을 포착하기에 매우 적합하게 발달한 감각 기관입니다. 다만 노화가 진행될수록 기능이 약해집니다.

오감 중에서 가장 민감한 청각

고양이의 청각은 오감 중에서 가장 뛰어나며 사람은 물론 개보다도 좋습니다. 특히 고음역의 소리를 듣는 데 탁월합니다. 어둠 속에서 움직이는 사냥감을 청각으로 금방 알아차리며, 개미가 잔디밭을 기어가는 소리까지 들을 수 있다고 합니다. 고양이가 고음역의 소리를 잘 듣는 이유로는 여러 설이 있습니다. 그중 가장 흔한 사냥감인 쥐의 울음소리가 높은 음이기 때문이라는 이야기가 아무래도 신빙성이 높습니다. 주인이 불러도 아무 반응을 보이지 않으면 주인의 목소리를 듣지 못한 게 아닐까 싶겠지만 주인의 목소리를 정확히 듣고도 짐짓 모른 척할 뿐입니다. 하지만 노화로 청각 기능이 약해진 노묘는 사람의 목소리조차 제대로 듣지 못할 수 있습니다.

1

귀, 코, 눈 순으로 기능이 뛰어나다.

고양이는 감각기관 중 귀가 가장 발달했습니다. 이어서 코, 눈 순으로 기능이 좋습니다. 어둠 속에서도 생활할 수 있도록 진화를 거듭했기 때문입니다.

고양이의 마중
집에 들어섰을 때 고양이가 현관에 앉아 새초롬한 모습으로 맞이해주기도 합니다. 이때 고양이는 집밖에서 들리는 주인의 발소리나 자동차 소리를 듣고 현관에 미리 나와 있는 것인지도 모릅니다.

믿음직하군.

2

응? 나 불렀어?

낮은 소리는 잘 듣지 못한다.

고양이의 가청 범위는 40~6만 5,000헤르츠고 사람의 가청 범위는 20~2만 헤르츠입니다. 고양이는 사람에 비해 고음역의 소리를 잘 듣습니다. 반면 저음역의 소리는 잘 듣지 못합니다.

고양이는 여성을 잘 따른다?
사람은 200~2,000헤르츠의 목소리로 대화합니다. 고양이의 가청 범위지만 남성의 낮은 목소리보다 여성의 높은 목소리를 좋아하기 때문에 여성을 더 잘 따른다는 속설이 있습니다.

3

사람이 듣지 못하는 소리까지 듣는다.

고양이는 이따금 아무것도 없는 텅 빈 곳을 가만히 바라봅니다. 이때 사람에게 들리지 않는 벌레 소리나 작은 동물이 꿈틀대는 소리를 귀 기울여 듣고 있는지도 모릅니다.

요놈.

노화나 질병으로 잘 들리지 않을 수도
고양이는 사람이 부르는 소리를 듣고도 들리지 않는 척하기도 합니다. 하지만 여느 때처럼 '들리지 않는 척'하는 듯 보여도 알고 보면 노화나 질병으로 잘 듣지 못하는 상태일 수 있습니다. 냄비가 떨어지는 소리나 천둥소리처럼 큰 소리에도 반응을 전혀 보이지 않으면 청력이 나빠졌다고 생각해도 됩니다.

냄새 맡기 달인

고양이에게 후각은 청각 다음으로 뛰어난 감각입니다. 고양이는 코로 상대가 사냥감인지 음식인지 적인지 판단합니다. 후각은 식욕과도 관련이 있습니다. 음식을 데우면서 맛있는 냄새를 풍기면 고양이의 식욕이 늘 수도 있습니다.

사람 < 고양이 < 개

고양이의 후각은 사람과 개의 중간 정도

고양이의 후각은 청각 다음으로 발달되어 있으며 그 성능은 사람과 개의 중간 정도입니다.

후각의 성능은 코점막 속 '후각 수용체'의 수에 달려 있습니다. 인간의 후각 수용체는 1,000만 개고 고양이의 후각 수용체는 6,500만 개입니다. 경찰견으로 활약하는 독일산 셰퍼드라는 품종의 개는 후각 수용체가 2억 개나 되기 때문에 고양이나 사람과 비교가 되지 않습니다. 코가 낮은 고양이 품종은 비강이 좁기 때문에 후각 기능이 다른 종에 비해 약간 떨어집니다. 고양이는 사냥감을 찾을 때뿐 아니라 음식이나 적을 구분할 때에도 후각을 사용합니다. 단독 생활을 하며 살아가는 동물인 고양이에게 없어서는 안 되는 능력입니다.

1

코를 갖다 대는 행동은 나름의 인사

코끝을 상대방에게 갖다 대는 행동은 고양이 나름의 인사입니다. 사람이 손가락을 고양이에게 가까이 가져갔을 때 이런 행동을 보이기도 합니다. 아무래도 손바닥보다 압박감이 적어 손가락을 선호하는 듯합니다.

콩콩

친밀감의 표시
무언가에 코를 갖다 대는 행동은 친한 고양이끼리 만났을 때 코를 서로 비비는 인사와 같습니다. 상대에게 마음을 허락했다는 증거입니다.

2

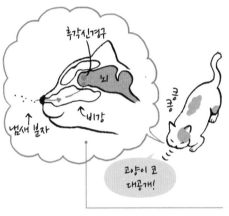

후각신경구

뇌

비강

냄새 분자

콩콩

고양이 코 대공개!

코의 구조

비강 속으로 들어간 냄새 분자를 후각 세포가 감지하면 전기신호를 보내 뇌에 냄새 정보를 전달합니다. 고양이는 주인 냄새를 비롯한 수많은 냄새를 기억합니다.

사람 코에는 있지만 고양이 코에는 없는 것
콧속으로 들어오는 먼지를 막는 필터 역할을 담당하는 코털이 고양이에게는 없습니다. 그 이유는 아직 밝혀지지 않았습니다.

3

박하 향을 좋아하고 감귤 향을 싫어한다.

치약에 들어가는 박하 향을 좋아하는 고양이가 많습니다. 그러나 박하 향 못지않게 상쾌하고 시원한 느낌인 감귤 향은 어떤 이유에선지 질색합니다. 물론 고양이마다 좋아하는 향이 다를 수 있습니다.

부러워 죽겠군.

개다래나무 냄새
개다래나무 냄새도 좋아합니다. 소량으로 사용하면 스트레스를 없애고 식욕을 돋울 수 있습니다. 하지만 많은 양을 사용하면 호흡 곤란이 일어납니다.

고양이의 몸
코는 당연히 축축?

콧물을 오랫동안 흘리면 자세한 검사를 받아야 합니다. 콧물을 수시로 닦아주고 병원에
데려가 진찰을 받도록 합시다.

재채기를 하고 콧물을 흘리면 고양이감기(고양이 헤르페스 바이러스 감염증)를
의심하자.

건강한 고양이의 코는 적당히 축축합니다. 코가 축축해야 냄새 분자가 잘 달라붙어 냄
새 정보를 많이 모을 수 있기 때문입니다.

고양이는 모세관으로 분비되는 침과 미량의 콧물로 코의 적당한 습기를 유지합니다.
하지만 흘러내릴 만큼 콧물이 많이 나오면 바이러스성 상부 호흡기 감염증 같은 질병
에 걸렸을지 모릅니다. 코피가 나면 종양이 의심되므로 동물병원에 즉시 데려가 진찰
을 받아야 합니다. 콧물이나 코피가 어느 시기에 얼마나 나왔는지, 색깔과 모양은 어땠
는지 수의사에게 알려주면 좋습니다.

습기가 부족해.

건조한 공기와 후각

1

잠에서 깬 직후도 아닌데 코가 건조하다면 각별히 주의하자.

고양이 코는 평상시에 축축하지만 잠을 잘 때나 잠에서 막 깼을 때는 건조합니다. 평상시에도 코가 건조하면 탈수 증상일지도 모릅니다. 물 온도나 물 맛에 변화를 줘 물을 잘 마실 수 있도록 도와줍니다.

건조한 공기와 후각
건조한 공기는 고양이 코가 마르는 원인입니다. 공기가 건조하면 코의 점막도 건조해지기 마련인데 코의 점막이 건조해지면 그 부분의 국소면역이 떨어져 감기에 잘 걸립니다. 따라서 겨울철에는 가습기가 필요합니다.

당장 치워!

2

사람에게 좋은 냄새가 고양이에게는 맹독일 수 있다.

식물성 아로마 오일은 고양이에게 맹독일 수 있으므로 집에 두지 않아야 합니다. 고양이가 그루밍을 할 때 털에 달라붙은 식물성 아로마 오일 입자가 몸 안으로 들어가 식물을 소화하기 힘든 고양이에게 해를 끼칩니다.

아로마 오일의 위험성
겨우 1밀리리터의 아로마 오일을 만들 때에도 많은 양의 식물이 필요합니다. 그러므로 고양이가 아로마 오일을 1밀리리터 핥으면 식물을 몇 킬로그램이나 먹는 셈입니다. 때에 따라 목숨을 잃기도 합니다.

3

고양이 근처에서 담배를 피우지 않는다.

흡연자와 함께 사는 고양이는 림프종이라는 악성종양의 발병률이 비흡연자와 함께 사는 고양이보다 약 세 배나 높습니다. 담배 연기를 들이마시거나 털에 달라붙은 유해 물질을 그루밍하면서 섭취해 림프종에 쉽게 걸리기 때문입니다. 주인은 되도록 금연하고 금연이 어렵다면 고양이 근처에서는 담배를 피우지 말아야 합니다. 모기향 같은 각종 향도 고양이가 있는 방에서는 피우지 않는 편이 좋습니다.

담배 좀 줄여.

림프종의 위험
림프종이라는 악성종양은 고양이에게 흔히 발생하는 병입니다. 주인이 흡연하면 고양이의 림프종 발병률이 증가한다는 사실이 밝혀졌습니다.

고양이의 몸
맛보는 역할 이상을 하는 혀

고양이의 혀는 주인에게 애정을 표시할 때, 식사를 하거나 물을 마실 때, 그루밍을 할 때 쓸모가 있습니다. 가끔 자기 몸을 핥는 행동으로 몸의 이상을 알려주기도 합니다.

사랑한다는 말은 굳이 하지 않겠어.

고양이가 핥는 것은 애정의 표시

친한 고양이끼리는 서로 그루밍을 해줍니다. 주로 자신의 혀가 닿지 않는 얼굴 주변을 서로 핥아줍니다. 주인의 손이나 얼굴을 핥는 행동에도 친근감과 애정이 담겨 있습니다. 한편 고양이가 자신의 몸을 집요하게 핥을 때는 가렵거나 아프기 때문일지 모릅니다. 그러므로 고양이가 핥는 부위에 이상이 있는지 확인해봐야 합니다.

고양이 혀는 미각 기관이기도 합니다. 독성 물질을 피하려고 쓴맛을 강하게 느낍니다. 감칠맛도 느낄 수 있지만 짠맛과 단맛은 잘 느끼지 못합니다.

1

까슬 까슬

빗이나 사포 역할을 한다.

고양이 혀에는 가시 같은 돌기물이 있습니다. 이 돌기물 때문에 고양이 혀는 그루밍을 할 때는 빗 역할을 하고 식사를 할 때는 고기를 잘게 찢는 사포 역할을 합니다.

까슬까슬한 혀의 정체
고양이 혀가 닿으면 아픈 듯 간지러우며 까슬까슬한 감촉이 느껴집니다. 고양이의 혀에 있는 '사상유두'라는 돌기물 때문입니다.

2

그렇게 빤히 바라보지 마.

물을 마실 때도 쓸모가 있다.

고양이는 혀를 J자 모양으로 말아 물에 담갔다가 재빨리 끌어올리면서 생기는 물기둥을 입에 넣는 방법으로 물을 마십니다. 중력과 관성을 이용하는 대단한 기술입니다.

물 마시는 방법에도 개성이 있다.
혀를 J자 모양으로 말아서 물을 마시는 방법은 물이 그릇에 담겨 있을 때 사용합니다. 수도꼭지에서 떨어지는 물을 좋아하는 고양이도 있고 따뜻한 물을 좋아하는 고양이도 있습니다(p.30).

3

몸을 집요하게 핥을 때는 유심히 살피자.

몸의 특정 부위를 집요하게 핥을 때는 털을 헤치고 그 부위를 자세히 확인해야 합니다. 어쩌면 이물질이 박혀 있을지도 모릅니다. 피부병이나 정신적인 문제일 수도 있으므로 병원에서 검사를 받아 원인을 찾아내야 합니다.

관찰할 때 주의할 점
핥는 부위에 습진이나 붉은 반점이 있진 않은지, 걸음걸이가 바뀌진 않았는지, 화장실에 가는 횟수가 늘진 않았는지 등 변화를 관찰해 수의사에게 알려줍니다.

한 번 핥으니 자꾸 핥고 싶네.

고양이의 몸
훌륭한 역할을 하는 멋진 수염

고양이 수염은 지각 신경이 뛰어난 고감도 센서입니다. 갓 태어난 새끼 고양이도 수염의 감각으로 어미젖을 찾아냅니다.

문제 없어!

몸 곳곳에 나 있는 수염

수염은 고양이가 어둠 속에서 활동할 때 요긴한 역할을 합니다. 오감 중에서는 촉각에 해당하며, 청각 못지않게 중요합니다.

고양이의 수염은 입 주변, 뺨, 눈 위쪽, 앞 발목 뒤쪽 같은 곳에 나 있는 길고 가느다란 털을 총칭합니다. 수염의 뿌리 부분에 모여 있는 신경이 공기의 미세한 흔들림을 감지하고 정보를 뇌로 재빨리 전달합니다. 수염은 상대가 불과 0.1밀리미터만 움직여도 알아챌 수 있을 정도로 뛰어난 고감도 센서입니다.

얼굴 주변의 수염은 원을 그리며 자랍니다. 수염 끝을 서로 이었을 때 그려지는 원이 고양이 몸이 통과할 수 있는 크기입니다.

1

기분에 따라 움직인다.

꼬리의 모양(p.54)과 마찬가지로 수염도 감정에 따라 움직입니다. 대상에 흥미가 있으면 수염이 앞으로 향하고 대상에 공포를 느끼면 수염이 뒤로 향합니다. 좁은 곳을 보고 통과할 수 있을지 고민할 때는 얼굴을 약간 내밀고 수염을 가져다 댄 후 판단합니다.

수염과 감정

화가 날 때에도 수염이 앞으로 향합니다. 차분한 상태, 만족스러운 상태에서는 수염이 뻗지 않고 아래로 자연스럽게 처집니다.

2

빠지면 다시 자란다.

수염은 정기적으로 빠졌다가 다시 자라며, 그 주기는 고양이마다 다릅니다.

아주 멋진 고양이 수염

고양이 수염은 영어로 '휘스커스(whiskers)'라 합니다. 그리고 '더 캣츠 휘스커스(the cat's whiskers)'라는 말은 '매우 멋진 것'이라는 관용구로 쓰입니다. 빠져서 떨어진 고양이 수염을 보관하는 애묘가를 위해 시중에서 수염 보관 케이스도 팔고 있습니다.

소중한 수염

수염은 다른 털보다 세 배나 더 깊이 피부에 박혀 있습니다. '고양이의 수염을 뽑으면 쥐를 잡지 못한다.'라는 속설이 있을 정도로 고양이에게 수염은 소중한 센서입니다. 덧붙여 입 주변에 난 수염만 고양이 스스로 움직일 수 있습니다.

3

뽑히면 아프다.

수염은 털처럼 자연스럽게 빠지면 아프지 않지만 억지로 뽑으면 고통을 느낍니다. 수염은 촉감을 담당하는 중요한 센서이므로 소중히 다뤄야 합니다.

다른 털보다 굵은 수염

몸을 덮은 털은 지름이 0.04~0.08밀리미터입니다. 이에 비해 수염은 지름이 0.3밀리미터 정도입니다. 품종과 개체마다 차이가 있지만 수염은 털보다 약 세 배에서 여섯 배 굵습니다.

뽑으면 용서하지 않을 테다.

건강한 몸 만들기

건강한 몸은 식사에서부터

고양이에게는 '종합 영양식'이라 표기된 사료를 줘야 합니다. 또한 하루 섭취량을 준수하는 것이 중요합니다.

먹고 싶을 때
먹을게.

띄엄띄엄 먹어도 상관없다.

하루에 몇 끼를 주어야 할지 고민할 필요는 없습니다. 일정한 양의 사료를 주면 한꺼번에 다 먹어버리는 고양이도 있고 먹고 싶을 때마다 먹는 고양이도 있습니다. 어느 쪽이든 하루 섭취량을 준수하기만 하면 문제없습니다.

사료 그릇이 비자마자 사료를 곧바로 추가하면 과식할 우려가 있습니다. 비만이 백해무익한 점은 인간이든 고양이든 똑같습니다.

1

건식 사료와 물만 있으면 충분

영양이 불균형하거나 부족하면 질병에 걸리기 쉽습니다. 고양이 사료는 크게 건식 사료와 습식 사료로 나눌 수 있습니다. 건식 사료는 습식 사료에 비해 보존성이 좋아 장시간 식기에 담아둬도 괜찮습니다.

신선한 물을 항상 준비한다.
습식 사료에는 물이 75~80퍼센트나 들어 있지만 건식 사료에는 5~10퍼센트밖에 없습니다. 따라서 신선한 물을 늘 마련해둬야 합니다.

맛있는 걸로 부탁해.

2

습식 사료를 줄 때 주의할 점

습식 사료를 먹는 고양이는 치석이 잘 쌓이기 때문에 이를 닦아줘야 합니다. 또한 습식 사료는 건식 사료에 비해 가격이 비쌀뿐더러 여름철에 쉽게 부패하기도 합니다.

주식으로는 종합 영양식
고양이 사료에는 '종합 영양식'과 '일반식'이 있습니다. '일반식'은 습식 사료인 경우가 많고, 영양소가 편중된 경향이 있습니다. 따라서 주식으로는 '종합 영양식'을 주는 편이 좋습니다.

일단 먹고 나서.

3

성장 단계에 알맞은 사료를

새끼 고양이, 성묘, 노묘는 각각 필요한 영양이 다릅니다. 고양이 사료는 성장 단계에 따라 다양한 종류가 판매되고 있으므로 알맞은 사료를 골라야 합니다.

필요한 영양소가 다르다.
성장이나 노화 정도에 따라 필요한 영양소가 다릅니다. 영양 부족, 비만, 질병을 막으려면 성장과 노화에 맞게 알맞은 식사를 하도록 신경 써줘야 합니다(p.156).

Kitten Adult Old

4

몸무게에 맞춰 사료 양을 조절한다.

하루에 필요한 섭취량은 대부분 사료 포장
지에 적혀 있으니 확인해보기 바랍니다. 고
양이의 몸무게에 맞춰 정확한 양을 계량해
서 줍니다.

더 줘~.

칼로리 결정의 3요소
적정 칼로리는 몸무게, 성장 단계, 체격이라는 3요소로 정
해집니다. 하루에 필요한 칼로리 계산식은 매우 복잡하므
로 사료 포장지에 적힌 표시 사항을 확인해봅시다.

5

운동량에 맞춰 사료 양을 조절한다.

고양이마다 운동량이 다릅니다. 같은
양의 식사를 해도 운동량이 적은 고양
이는 살이 찌고 운동량이 많은 고양이
는 살이 빠집니다. 따라서 고양이의 운
동량을 고려해 식사 양을 조절합니다.

체격, 활동 수준에 맞게 줄인다.
사료 포장지에 적힌 수치는 어디까지나 하나의 기준
일 뿐입니다. 수치대로 사료를 줘서 고양이가 살찐다
면 사료를 10~20퍼센트 줄입니다.

6

여유가 있다면 프리미엄 사료를

값싼 일반 사료와 값비싼 프리미엄 사료는
품질 관리, 원재료비, 영양 균형 등에서 차
이가 납니다. 여유가 있다면 약간 비싸더라
도 프리미엄 사료를 먹이는 편이 좋습니다.

잘 먹던 사료를 갑자기 남긴다면
고양이의 상태를 잘 관찰하다가 며칠이 지나도 사료를
계속 남긴다면 동물병원에 데리고 갑니다. 고양이의 혀
는 매우 섬세합니다. 고양이가 사료를 잘 먹지 않아 알
아봤더니 사료에 들어가는 첨가물 종류가 늘어났거나
사료 생산지(공장)가 바뀌었거나 한 사례가 있습니다.

프리미엄

일반

건강한 몸 만들기
기분 좋게 식사하도록 배려한다

고양이의 습성을 고려하면서 식사할 수 있게 배려하면 고양이는 매우 만족합니다.

예민하다고~!

사료 그릇과 화장실을 떨어뜨려놓는다.

고양이는 청결한 동물입니다. 따라서 식사하는 장소와 배설하는 장소는 떨어뜨려놓아야 합니다. 또한 고양이는 사료와 물을 같이 섭취하지 않습니다. 그러므로 사료 그릇과 물그릇은 가까이 둬도 괜찮고 서로 떨어뜨려놓아도 됩니다.

고양이가 어떤 맛을 느낄 수 있는지는 밝혀졌지만(p.22) 어떤 맛을 좋아하고 어떤 맛을 싫어하는지, 나이가 들수록 입맛이 어떻게 변하는지 등은 거의 알려지지 않았습니다.

평소에 먹는 사료에 싫증 난 듯한 모습을 보이면 사료에 생선가루를 살짝 뿌리거나 닭가슴살을 삶아 찢어 넣는 등 별미를 만들어줍시다.

건강한 몸 만들기

물을 맛있게 마시도록 배려한다

고양이가 물을 충분히 마시게 하려면 신선한 물을 늘 준비해주고 평소에 어떤 물을 좋아하는지 알고 있어야 합니다.

물은 좀 까다롭게 고르는 편이지.

차가운 물   따뜻한 물   수돗물

수돗물이든 생수든 상관없다.

물을 마시는 일도 식사와 마찬가지로 고양이의 건강에 빼놓을 수 없습니다. 고양이마다 좋아하는 물이 가지각색입니다. 차가운 물, 따뜻한 물, 정수기로 거른 물, 수도꼭지에서 흘러나오는 물 등 여러 가지 물을 마시게 한 후 고양이가 가장 좋아하는 물을 찾아냅니다. 고양이에게 생수를 주면 안 된다고 생각하는 사람도 있는데 생수도 결국 '페트병에 든 물'일 뿐입니다. 다만 경수(칼슘과 마그네슘을 많이 포함한 물)를 꾸준히 마시면 요로결석이 생길 가능성이 있습니다. 반면에 연수(칼슘과 마그네슘이 적은 물로 한국의 수돗물은 연수에 해당한다.)는 그럴 위험이 없습니다.

1

그릇은 항상 청결하게, 아가리가 넓은 것으로

고양이는 신선한 물을 좋아합니다. 그릇에 물이 남아 있다고 해서 고양이가 그 물을 다 마실 때까지 방치해서는 안 됩니다. 날마다 그릇에 남은 물을 버리고 깨끗이 씻은 후 신선한 물을 담아 내놓습니다. 수염이 그릇에 닿는 것을 싫어하는 고양이도 있으므로 아가리가 넓은 그릇을 준비합니다.

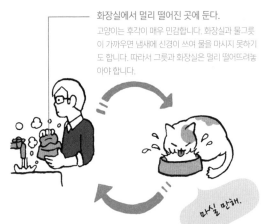

화장실에서 멀리 떨어진 곳에 둔다.
고양이는 후각이 매우 민감합니다. 화장실과 물그릇이 가까우면 냄새에 신경이 쓰여 물을 마시지 못하기도 합니다. 따라서 그릇과 화장실은 멀리 떨어뜨려놓아야 합니다.

마실 만해.

특별 대우를 해달라고.

고양이와 그릇 수
고양이는 다른 고양이나 개와 그릇을 함께 쓰는 것을 좋아하지 않습니다.

2

물을 여러 군데에 마련해둔다.

고양이는 물 마시는 장소가 한 군데로 정해져 있지 않습니다. 따라서 물그릇을 여러 군데에 두는 편이 좋습니다. 여러 마리를 함께 키울 때는 물그릇을 같이 쓰게 하지 말고 각 고양이마다 전용 물그릇을 마련해줍니다.

3

마시는 물의 양이 늘거나 줄면 질병을 의심한다.

몸무게 1킬로그램당 50밀리리터 이상 물을 마시면 질병의 징후라 생각해도 좋습니다. 이를 알아차리려면 평소에 마시는 물의 양을 기억해둬야 합니다. 한편 물을 별로 마시지 않으면 방광염이나 요결석이 생길 수 있습니다. 고양이가 좋아하는 종류의 물을 준비해서 자주 마시도록 배려합니다.

물을 많이 마시는 노묘는 신장병을 의심한다.
노묘가 물을 너무 많이 마시면 신장병을 의심해봐야 합니다. 또한 갑상선 기능 항진증이나 당뇨병에 걸려도 물을 자주 마시는 증상이 나타납니다(p.153).

건강한 몸 만들기
배설은 하루에 한 번 이상

배설하는 자세를 살펴보면 고양이가 화장실을 마음에 들어 하는지 그렇지 않은지 알 수 있고, 배설물을 살펴보면 고양이가 건강한 상태인지 아닌지 알 수 있습니다. 잘 관찰해봅시다.

자, 쾌변이다!

눈에 띄지 않게 조심히 관찰

고양이가 배설하는 자세나 배설물의 상태를 살펴보면 여러 가지 정보를 얻을 수 있습니다. 일반적으로 고양이는 화장실에 들어가 모래를 파고 그곳에 배설한 후 배설물 위에 모래를 끼얹어 덮고 화장실에서 나옵니다. 화장실이 놓인 장소나 화장실 용기가 마음에 들지 않으면 배설을 꾹 참기도 합니다.
따라서 평소의 배설물 상태를 잘 알아두는 것이 중요합니다. 변의 굳기와 색깔, 배설 횟수, 변의 모양과 냄새 등을 날마다 세심히 관찰합니다. 이상이 있다 싶으면 곧바로 동물병원에 데려가 진찰을 받도록 합니다.

1

화장실이 마음에 들지 않으면

배설물을 모래로 덮지 않는 행동, 배설물 위에
모래를 충분히 끼얹지 않고 곧바로 화장실을
나오는 행동, 화장실이 아닌 장소를 파헤쳐 배
설하려는 행동은 화장실이 마음에 들지 않는
다는 신호입니다.

화장실을 사용한 후 벽을 긁는다면 ─────
언뜻 손을 닦고 있는 우아한 행동처럼 보이지만 실은 화장실이
마음에 들지 않는다는 신호입니다. 화장실의 크기, 모래의 종
류와 양을 바꿔보는 것이 좋습니다.

손을 닦고 있는 게
아니라고.

청결한 게 좋아.

2

배설하면 곧바로 청소한다.

고양이는 청결한 것을 좋아하고 냄새에도
민감합니다. 화장실이 지저분하면 들어가
려 하지 않습니다. 따라서 고양이가 배설
을 마치면 화장실을 재빨리 청소해주어야
합니다.

화장실 용기를 정기적으로 청소한다.
2~4주에 한 번씩 모래를 전부 갈아줍니다.
이때 화장실 용기도 깨끗이 청소하는 것이 좋
습니다. 고양이는 감귤 향을 싫어하기 때문에
감귤 향 세제로 청소하지 않습니다.

3

사흘 동안 변을 보지 않으면 각별히 주의하자.

정상적인 변은 밀크 초콜릿색에 적당한
굳기입니다. 배설 횟수는 하루에 한두 번
이 기본입니다. 변이 딱딱해지거나 설사
를 하거나 변비가 사흘 이상 지속되면 각
별히 주의합니다. 또한 피가 섞여 소변이
빨갛거나 간 기능 이상으로 소변이 주황
색이면 병원에 가야 합니다.

배를 시계 방향으로 마사지해 배
설을 돕는다.
하루에 한 번 배설한다면 걱정할 것 없
습니다. 변비가 지속된다면 손가락 지
문이 있는 부분으로 고양이의 배를 시
계 방향으로 마사지합니다.

잘 자는 고양이가 잘 큰다

고양이 침대는 높은 곳이나 좁은 곳에 마련해주면 좋습니다. 고양이의 수면 시간이 달라지면 주의해야 합니다.

고양이는 하루에 16~17시간이나 잔다.

고양이는 인간에 비해 매우 오래 자는 동물입니다. 과거에 고양이는 사냥할 때를 제외한 나머지 시간에 체력을 비축하려고 줄곧 잠을 잤다고 합니다. 지금도 그런 습성이 남아 있습니다.

고양이는 집 안에서도 자신이 마음에 들어 하는 장소에서만 잠을 잡니다. 낮은 곳보다는 높은 곳에서 잠자리를 찾는데, 자신의 몸을 지키기 위한 안전하고 안심할 수 있는 장소를 본능적으로 선호하기 때문입니다. 기후나 계절에 따라 잠자리 취향이 달라지기도 하므로 편안히 잘 수 있는 장소를 여러 군데 마련해주면 좋습니다.

1

밤에 활발해지는 이유

야생 고양이는 사냥감에게 자신의 모습을 들키지 않도록 어둑어둑한 시간에 사냥을 합니다. 밤에 불을 끄면 고양이는 어두워졌기 때문에 사냥할 시간이라 착각해 활발하게 돌아다니기 시작합니다.

사냥 연습
고양이는 놀이의 일환으로 사냥 연습을 하는 듯합니다. 여러 마리가 같이 지내면 친한 고양이끼리 서로 번갈아 술래를 하면서 술래잡기를 하기도 합니다.

기운이 넘치는구나.

준비, 탕!

2

에어컨을 켜면 문을 열어 쾌면을 돕는다.

여름철에 에어컨 바람을 직접 쐬는 것을 싫어하는 고양이가 많습니다. 잠에서 깼을 때 에어컨이 없는 방으로 이동할 수 있도록 문을 열어둡니다.

마음대로 돌아다니고 싶다고.

안락한 장소를 찾아 이동한다.
집 안에서 기른다고 해서 고양이가 한곳에만 줄곧 머무를 리 없습니다. 고양이는 편안히 잘 수 있는 곳이나 마음에 드는 장소를 찾아 온 집 안을 돌아다닙니다.

3

평소보다 코를 크게 골면 비강암을 의심하자.

고양이도 코를 골 때가 있습니다. 코 고는 소리가 커지면 주의 깊게 살펴야 합니다. 콧속에 암이 생겼을 가능성도 있기 때문입니다. 코는 악성종양이 흔히 발생하는 부위입니다.

자는 자세도 눈여겨본다.
잠을 잘 때 특별히 위험한 자세는 없습니다. 하지만 평소와 다른 자세로 잔다면 주의해야 합니다. 관절 통증이 원인일 수 있기 때문입니다.

고양이와 만나는 법

고양이를 맞이하기 전에 성별과 품종을 결정합니다. 고양이의 성격(p.107), 품종별로 걸리기 쉬운 질병(p.150) 등을 바탕으로 검토하면 각 가정에 알맞은 고양이를 들일 수 있습니다. 고양이는 주로 동물보호센터, 브리더(사육자), 반려동물 가게에서 분양받을 수 있습니다.

동물보호센터에서는 지자체나 동물보호단체 등이 보호하고 있는 고양이를 분양받을 수 있습니다. 새끼 고양이부터 성묘까지 나이도 다양하고, 잡종부터 순종까지 품종도 다양합니다. 동물보호센터에서는 대체로 분양하기 전에 고양이의 건강검진을 끝내놓기도 하지만 건강 상태가 확실하지 않은 고양이를 분양하는 경우도 있습니다.

브리더는 특정 순종을 육성하기 때문에 키우고 싶은 품종을 미리 정해둔 사람에게 적당합니다. 순종은 종류마다 걸리기 쉬운 질병이 존재하므로 분양받은 후에 동물병원에서 유전 질환 유무를 확인해야 안심할 수 있습니다.

반려동물 가게에서는 브리더의 보살핌을 받으면서 어느 정도 성장한 새끼 고양이를 만날 수 있습니다. 몇 종류의 순종을 직접 보고 손으로 만져본 후 고를 수 있습니다.

이 외에도 길고양이를 집으로 데리고 와 키우거나 지인에게서 분양받는 등 고양이를 맞이하는 방법은 가지각색입니다.

주인이 어떻게 키우느냐에 따라 고양이의 성격과 건강은 천차만별로 달라집니다. 어떤 방법으로든 고양이를 일단 집에 들였다면 적절한 식사와 환경을 제공해 고양이와 좋은 관계를 맺도록 노력합시다.

제2장

고양이의 몸짓과 행동으로
기분을 읽는다

울음소리로 감정을 이해한다

고양이의 울음소리는 크게 스무 종류로 나눌 수 있습니다. 울음소리를 듣고 고양이의 기분을 이해하도록 노력합시다.

울음소리와 상황을 확인해 기분을 헤아린다.

새끼 고양이는 어미 고양이에게 자신의 위치를 알리거나 도움을 요청하려고 웁니다. 또한 발정기에 들어섰을 때나 고양이끼리 서로 위협할 때도 울음소리로 의사소통을 합니다. 한편 사람과 함께 사는 고양이도 여러 가지 울음소리로 자신의 '기분'을 전달하려 합니다. 이때의 울음소리는 사람과 나누는 의사소통 수단이라 할 수 있습니다. 고양이의 기분을 정확히 읽어내려면 울음소리와 더불어 표정(p.42), 몸짓, 상황을 확인해야 합니다. 고양이는 우리에게 분명히 무언가를 이야기하고 있습니다.

고양이의 울음소리와 감정

빈도	울음소리	해석	설명
자주	냐~	○○해줘.	**밥을 달라거나 같이 놀아달라는 소리** 사람에게 가장 많이 내는 소리로 식사, 놀이, 마사지 등 여러 가지 요구를 들어달라고 조를 때 낸다. 몸짓이나 상황을 고려했을 때 불만을 표출하는 의미일 수도 있다.
	골골	기분 좋아.	**몸과 마음이 편안할 때 내는 소리** 목구멍 깊숙한 곳에서 내는 소리다. 무언가를 요구할 때 사용하기도 한다. 갓 태어났을 때부터 내는 소리이기 때문에 어미 고양이와 새끼 고양이 사이의 의사소통과 관련이 있다는 설도 있지만 상세한 메커니즘은 밝혀지지 않았다.
가끔	냐!	반가워.	**인사의 뜻으로 건네는 한마디** 주인을 발견했을 때나 주인에게 이름이 불렸을 때 불쑥 건네는 한마디다. 사람을 향해 건네는 대표적인 인사다. 각별히 친한 고양이에게 이 울음소리를 낼 때도 있다.
드물게	캬오! 캭!	오지 마!	**상대방을 쫓아버리려는 소리** 자신의 영역에 침입한 외부의 적이나 마음에 들지 않는 상대방을 향해 내뱉는 위협 신호다. 분쟁을 피하는 것이 목적이므로 상대방이 물러나면 싸움으로 발전하지 않는다.
	갸아~	아파!	**비명과 같은 소리** 사람에게 꼬리를 밟히거나 다른 고양이에게 물렸을 때 자연스럽게 터져 나오는 비명과 같은 소리다. 이 소리를 내면 부상을 당했을 가능성이 있으므로 고양이의 몸이 안전한지 잘 살펴본다.
고양이에 따라	냥냥	맛있어!	**밥을 먹으면서 기뻐하는 소리** 기다리고 기다리던 밥을 드디어 먹었을 때 너무 기뻐서 혼잣말처럼 내는 소리다. 고양이류 동물들은 이런 식으로 맛있다는 표현을 한다. 사냥감을 잡은 기분을 드러내는 소리인지도 모른다.
	카카 카카	덮치고 싶어.	**사냥감을 보고 흥분한 소리** 강아지풀을 가지고 놀거나 창밖으로 벌레나 새를 발견했을 때 내는 소리다. 대상을 덮치고 싶은데 덮치지 못하는 상태가 지속되면 이런 소리로 흥분과 답답함을 표현한다.
	야~옹~	애인 모집 중♡	**발정기에 내는 울음소리** 발정기의 암컷이 수컷을 부르거나 수컷이 그 부름에 응답할 때 내는 소리다. 자신을 어필하려고 크게 소리 낸다. 수컷끼리 서로 위협할 때 사용하기도 한다.
	후~ 훗	안심이다.	**한숨 돌렸을 때 내는 소리** 계속되던 긴장이 풀려 마음이 놓이는 순간에 새어나오는 소리다. 집중하기를 멈췄을 때도 이 소리가 나온다. 울음소리는 개체마다 다르다.

고양이의 몸짓
밤중에 울면 질병의 징후

고양이가 발정기 때 내는 울음소리보다 약간 낮은 소리로 밤중에 운다면 고양이와 사람 모두에게 스트레스를 줄 수 있으므로 원인을 찾아 대처해야 합니다.

밤중에 울면 질병을 의심한다.

13세를 넘은 고령의 고양이가 갑자기 밤중에 울기 시작하면[*] 질병에 걸렸을 가능성이 크므로 동물병원에서 진찰을 받읍시다.

밤중에 우는 원인으로는 갑상선 기능 항진증, 뇌종양, 고혈압 등의 질병(p.153)을 비롯해 인지증(치매)의 가능성도 의심할 수 있습니다. 밤중에 울면 그 소리가 더 크게 들리기 때문에 키우는 사람도 괴롭고 이웃에게도 폐를 끼칩니다. 동물병원에 얼른 가서 원인을 알아내고 필요한 치료를 받아야 합니다.

젊은 고양이는 체력을 발산하거나 무언가를 요구하려는 목적으로 이따금 밤에 웁니다.

[*] 낮에도 동일한 증상을 보일지 모릅니다. 다만 낮에는 사람들이 고양이 울음소리에 신경을 잘 쓰지 않거나 주인이 외출했기 때문에 제대로 알지 못할 뿐입니다.

1

규칙적인 리듬으로 "쿠오~" 하고 운다.

고양이가 밤중에 내는 울음소리는 발정기에 내는 울음소리보다 톤이 낮고 마치 개가 짖는 듯 크고 단조로운 리듬이며 우는 목적이 딱히 없는 것이 특징입니다. 이런 울음소리를 들으면 고양이에게 이상이 생겼다는 징후로 받아들여야 합니다.

왜 밤에 울까?
밤에 우는 이유는 확실히 밝혀지지 않았습니다. 밤에 울 때는 한곳을 바라보며 우는 것이 특징입니다. 운다기보다는 짖는다는 표현이 더 맞는지도 모릅니다.

2

젊은 고양이는 좀처럼 밤에 울지 않는다.

젊은 고양이가 밤중에 우는 일이 간혹 있습니다. 이때의 울음은 대개 같이 놀아달라는 요구입니다(p.38). 젊은 고양이는 우는 빈도도 높지 않습니다. 하지만 13세가 넘은 고령의 고양이는 주의가 필요합니다.

얼마나 울다가 멈출까?
고령의 고양이가 밤중에 우는 것은 무언가를 요구한다거나 하는 뚜렷한 목적이 없습니다. 그러므로 언제 울고 언제 그칠지 알기 힘듭니다.

3

질병을 치료한다.

원인 질병을 치료하면 밤중에 우는 일이 줄어듭니다. 하지만 인지증처럼 완치가 어려운 질병도 있습니다. 정신안정제나 수면제로 생활 리듬을 개선해줄 필요도 있습니다.

메모의 필요성
수의사에게 진료를 받을 때는 밤중에 얼마나 잦은 빈도로 우는지 메모해서 전달합니다. 스마트폰으로 동영상을 찍는 것도 좋습니다.

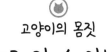

고양이의 몸짓
표정으로 알 수 있는 기분

고양이가 눈을 살며시 깜빡이면 애정을 느낀다는 뜻입니다. 고양이의 표정은 애정 표현부터 위협까지 매우 풍부합니다.

내가 무슨 생각하는지 알겠어?

웃진 않지만 표정은 풍부하다.

집단 생활을 하는 인간에게 웃는 얼굴은 상대방에게 적의가 없음을 보여주거나 상대방과 원활한 커뮤니케이션을 꾀하려 할 때 필요합니다. 그러나 고양이는 남을 쫓아내려고 위협적인 표정은 지어도 인간의 웃는 얼굴처럼 우호를 나타내는 표정은 짓지 않습니다. 단독 생활을 하는 고양이에게 웃는 얼굴은 필요 없기 때문입니다.

고양이가 웃는 것처럼 보이는 표정은 페로몬을 분석하는 행동인 플레멘 반응* 처럼 특별한 이유가 있습니다. 다만 친한 고양이끼리는 온화한 표정이나 몸짓 등 친밀감을 드러내는 커뮤니케이션을 하기도 합니다.

* 입을 벌리고 윗입술을 들어 올려 실눈을 뜬 채 공기를 들이마시는 행동이 플레멘 반응입니다. 개다래나무 냄새를 맡거나 수컷 고양이가 암컷 고양이의 소변 냄새를 맡을 때 플레멘 반응을 보입니다

1

고양이의 위협적인 표정

고양이는 무표정한 듯 보이는 표정으로 감정을 표현합니다. 눈이나 귀의 움직임에 주목해 고양이의 기분을 파악해봅시다.

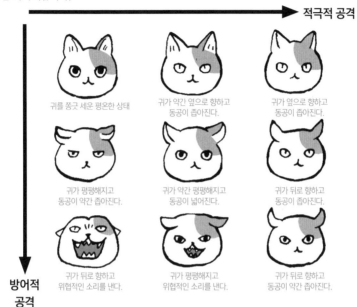

적극적 공격

귀를 쫑긋 세운 평온한 상태

귀가 약간 옆으로 향하고 동공이 좁아진다.

귀가 옆으로 향하고 동공이 좁아진다.

귀가 평평해지고 동공이 약간 좁아진다.

귀가 약간 평평해지고 동공이 넓어진다.

귀가 뒤로 향하고 동공이 좁아진다.

귀가 뒤로 향하고 위협적인 소리를 낸다.

귀가 평평해지고 위협적인 소리를 낸다.

귀가 뒤로 향하고 동공이 약간 좁아진다.

방어적 공격

2

친밀감을 담은 표정은 귀와 수염으로 알아차릴 수 있다.

평온한 상태에서는 귀를 쫑긋 세우고 있습니다. 수염으로 표정을 읽을 수도 있습니다. 기운이 넘칠 때는 수염을 빳빳이 뻗고, 기운이 없거나 몸 상태가 좋지 않을 때는 수염을 축 늘어뜨립니다.

널 믿어.

보디랭귀지도 주의 깊게 살핀다.
눈을 살며시 깜빡이거나 상대방의 얼굴을 핥는 것은 적의가 없음을 나타내는 보디랭귀지입니다.

고양이의 몸짓
자세로 기분을 읽는다

집에서 키우는 고양이는 대체로 차분합니다. 질병에 걸리진 않았는지 몸 상태를 알아차리려면 평상시 자세를 확인하는 것이 좋습니다.

날 보는 거야?

집고양이 특유의 자세를 알아둔다.

집고양이는 혹독한 자연에서 살아가는 야생 고양이와 달리 대체로 차분한 상태로 시간을 보냅니다.

야생 고양이는 사냥감을 찾거나 외부의 적을 경계하느라 무방비로 지낼 새가 없습니다. 반면에 집고양이는 밥을 굶거나 적에게 공격당할 위험이 없는 안전한 환경에서 느긋하게 지냅니다. 하지만 모르는 사람이 집에 오면 경계하기도 하고 병에 걸리면 몸을 움츠리기도 합니다. 몸의 이상을 눈치 챌 수 있도록 고양이가 차분하게 지낼 때 취하는 평소 자세를 알아두는 것이 좋습니다.

1

몸을 부풀려 힘을 과시한다.

털을 옆으로 세우는 자세입니다. 자신의 몸집이 커 보이도록 해 적으로 간주한 상대방을 쫓아내려 합니다. 자신만만하게 힘을 과시하는 경우도 있고 허세일 때도 있습니다.

— **진정할 때까지 기다린다.**
이런 상태의 고양이는 언제든지 싸울 준비가 되어 있습니다. 달래려고 해도 소용없습니다. 진정할 때까지 기다려야 합니다.

캬오!

2

공포를 느끼면 몸을 움츠린다.

갑자기 손님이 찾아오거나 큰 소리가 나 공포를 느끼면 자세를 낮추고 꼬리를 뒷다리 사이에 넣어 몸을 움츠립니다. 적의가 없음을 상대방에게 어필하는 자세입니다. 그렇지만 궁지에 몰리면 공격으로 전환할 수도 있습니다.

다정하게 지켜본다.
이런 상태의 고양이는 그저 지켜보는 것이 좋습니다. 불안정한 상태라 건드리면 공격당할 수 있습니다.

무섭다고.

3

편히 쉴 때는 몸을 둥글게 만든다.

발바닥을 바닥에 붙이고 앉는 자세는 긴장을 완전히 풀지 않고 곧바로 도망칠 수 있도록 경계하는 상태에서 취합니다. 편히 쉴 때는 식빵자세(앞다리와 뒷다리를 몸 아래로 집어넣고 앉는 자세)나 다리를 옆으로 눕히는 자세, 벌러덩 드러눕는 자세를 취합니다(p.66).

편한 자세야.

가만히 둔다.
졸음이 쏟아질 때 흔히 취하는 자세입니다. 고양이가 잠들려 하면 건드리지 말고 가만히 놔둬야 합니다.

고양이의 몸짓

기분 전환을 위한 기지개 켜기

요가 동작 중에 '고양이 자세'가 있습니다. 엎드린 채 상반신을 쭉 펴는 동작입니다. 지극히 고양이다운 몸짓이지만 고양이가 이 몸짓으로 딱히 뭔가를 어필하려는 것은 아닙니다.

사람이든 고양이든 기분 전환을 하려고 기지개를 켠다.

흔히 동물의 몸짓은 남들에게 의사를 전하려는 보디랭귀입니다. 그래서 주인은 고양이의 여러 가지 몸짓에서 의미를 찾아내려 하지요. 고양이는 기지개를 자주 켜는데 이러한 기지개에 특별한 의도가 숨어 있지는 않습니다.

고양이도 사람처럼 단순히 긴장을 풀거나 기분을 전환하려고 기지개를 켭니다. 이렇게 생각하니 고양이가 더욱 친근하게 느껴지지 않나요?

고양이는 기지개를 한 번 켜서 기분이 좋아졌다면 그 좋은 기분을 다시 느끼고 싶어 조건반사처럼 기지개 켜기를 반복하기도 합니다.

1

기지개를 켜면 혈액 순환이 좋아진다.

한동안 같은 자세를 취하면 근육이 뭉치거나 혈액 순환이 나빠집니다. 기지개는 몸을 풀고 혈액 순환을 개선하는 효과가 있습니다.

으—

고양이는 욕창이 생기지 않는다.
같은 자세를 오래 유지하면 고양이도 혈액 순환에 무리가 옵니다. 하지만 몸무게가 가벼운 고양이는 욕창이 잘 생기지 않습니다.

슬슬 일어나볼까?

2

기분 전환이 된다.

기지개를 켜는 타이밍은 고양이마다 다릅니다. 노는 게 질렸을 때나 아침에 일어난 직후, 밤에 잠들기 전에 기지개를 켜면 기분이 좋아지는 듯합니다. 기지개의 역할은 사람과 동일합니다.

스트레칭 효과도 있다.
놀기 전에 유연성을 확보하려고 스트레칭 삼아 기지개를 켜기도 합니다.

뭐야, 뭐야.

으—

3

기지개를 켜지 않으면 관절이 아픈 것일지도

관절이 아프면 기지개를 켜지 못합니다. 특히 노묘는 관절에 이상이 잘 생기므로 젊은 고양이에 비해 기지개를 켜는 횟수가 적습니다.

다리를 유심히 관찰하자.
관절이 아파 다리를 절뚝거리기도 합니다. 어느 다리가 다쳤는지, 언제부터 나빠졌는지 관찰한 후에 병원 진찰을 받도록 합시다. 절뚝이는 모습을 촬영한 동영상을 수의사에게 보여주는 것도 좋은 방법입니다.

아프네.

'골골'거리며 어리광 부린다

다 큰 고양이도 이따금 주인의 이불 안으로 들어와 새끼 고양이처럼 '골골'거리며 달라붙습니다. 어리광을 부리는 것이니 너그럽게 대해주세요.

'골골'거리는 이유는 밝혀지지 않았다.

고양이는 기분이 좋을 때나 어리광을 부릴 때 목으로 '골골' 하는 소리를 냅니다. 새끼 고양이가 어미젖을 먹을 때도 '골골'거립니다. 그래서 '골골' 소리가 안심했을 때 내는 소리라는 설이 있습니다. 하지만 몸 상태가 나쁠 때 '골골' 하는 소리를 내기도 하므로 정확한 이유는 알 수 없습니다. 몸 상태가 나쁠 때 내는 '골골' 소리는 사람에게 어리광을 부릴 때 내는 '골골' 소리와 약간 다릅니다.

'골골' 하는 소리는 횡격막이 흔들려 내는 소리라는 설이 있지만 이 역시 아직 밝혀지지 않았습니다. 표정이나 상황에 따라 다양하게 해석할 수 있는 소리입니다.

1

원래는 새끼 고양이가 어미
젖을 빨 때 내는 소리다.

새끼 고양이는 갓 태어나자마자 목
으로 소리를 낼 수 있습니다. 주로
어미젖을 먹을 때 '골골' 하는 소리
를 냅니다. 이 소리는 고양이가 편
안하다는 표현일지도 모릅니다.

어미젖이 잘 나오게 한다?
새끼 고양이가 '골골' 하는 소리를 내면 어
미젖이 잘 나온다는 설도 있습니다.

골골 합창단.

이대로 있게 해줘

'골골' 하는 소리는 어리광의 신호
고양이가 주인 무릎 위에서 '골골'거리는 것은 어리광의 신호입니다.
가능하면 움직이지 말고 어리광을 마음껏 부리게 해줍니다.

2

어리광을 부릴 때 주로 낸다.

붙임성이 좋은 고양이는 어리광 부릴 때
주로 '골골'거립니다. 이 소리를 내는 빈도
와 상황은 개체마다 차이가 있습니다.

3

진찰을 받는 도중에 '골골'
거리기도 한다.

겁이 없는 고양이는 진찰대 위에
서도 '골골'거릴 수 있습니다. 또
한 몸 상태가 좋지 않을 때 '골골'
거리는 고양이도 있는데 이때 내
는 '골골' 소리는 편안할 때 내는
'골골' 소리와 다릅니다.

골골골

치유력이 높아진다?
몸 상태가 나쁠 때 내는 '골골' 소
리는 뼈에 자극을 줘 신진대사를
활성화하고 치유력을 높인다는
설이 있습니다.

오늘은 어디를 진찰하시게?

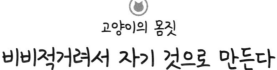

고양이의 몸짓
비비적거려서 자기 것으로 만든다

고양이가 머리나 꼬리를 어딘가에 비비는 것은 냄새를 묻히고 자신의 영역을 늘려 마음을
안정시키려는 행위입니다.

내 냄새
마음에 들지?

인사를 대신하는 냄새 묻히기

고양이가 주인의 팔과 다리 또는 가구에 머리를 비비거나 그것을 꼬리로 감싸는 행위
는 인사를 하는 동시에 냄새를 묻히는 것입니다.

고양이의 얼굴 주변과 꼬리가 달려 있는 부분에는 냄새 분비샘*이 모여 있습니다. 고양
이끼리는 머리를 서로 비비면서 인사를 나누고 동료의 징표인 냄새를 묻힙니다. 주인
에게는 머리보다는 팔이나 다리에 비비는 경우가 많습니다. 사람의 머리 위치가 높기
때문에 적당한 곳으로 타협한 것이겠지요. 냄새 묻히기는 자신의 영역을 주장하는 마
킹(marking) 행위로, 가구 같은 곳에 비비기도 합니다.

* 냄새 분비샘은 이마, 턱 아래, 입 주변, 귀뿌리, 꼬리가 달려 있는 부분 등에 있습니다.

1

머리를 서로 비비면서 고양이끼리 인사

고양이는 얼굴 주변, 특히 이마, 턱, 입, 귀 근처에 냄새를 풍기는 분비샘이 있습니다. 고양이끼리는 머리나 얼굴을 서로 비비면서 냄새를 묻혀 친근감을 표시합니다. 사람에게 인사할 때도 머리를 가져다 댑니다.

잘 잤어?

비비적 비비적

소유물이나 친한 대상에게
자신이 비빈 곳은 자기 영역 중 일부로 인식합니다. 고양이는 소유물이나 친한 대상에게 비비기를 합니다.

하루라도 이 일을 하지 않고는 못 배겨.

2

자주 행하는 비비기

비비기는 마킹 행위입니다. 영역이나 소유물에 냄새를 묻혀 자신을 어필하려는 의도입니다. 비비적대며 묻힌 냄새가 소변만큼 지속적이지 않으므로 고양이는 뭔가에 자주 비빕니다.

여러 번이고 반복한다.
고양이와 함께 살다보면 집 안 가구나 기둥의 일부가 거무스름해지기도 합니다. 고양이가 그 위치에 반복해서 비비기를 했기 때문입니다.

3

여러 마리를 동시에 키우는 집에서는 다른 고양이에게 자기주장을 하려는 목적도 있다.

수컷은 영역 의식이 강하므로 여러 마리를 함께 키우면(p.118) 고양이들이 앞다퉈 가구 등에 마킹을 반복합니다. 고양이끼리 사이가 나쁠 땐 싸움으로 발전하기도 합니다.

어느 틈에.

영역 의식이 강한 고양이
고양이는 원래 단독 생활을 하는 동물이기 때문에 영역 의식이 강합니다. 특히 수컷은 암컷보다 영역 의식이 더 강합니다. 여러 마리를 동시에 키울 때는 어떤 고양이끼리 성격이 맞는지 고려해야 합니다 (p.118).

"캭~" 하고 울면서 위협한다

고양이가 위협하는 행동을 너무 자주 보이면 신경 써서 살펴야 합니다. 주위 환경에 큰 스트레스를 받고 있을지 모릅니다.

싸움을 미연에 방지하는 마법의 울음소리

"캭~" 하는 날카로운 울음소리는 상대방을 위협할 때 사용합니다. 고양이끼리 싸울 때 말고도 집에 온 손님, 옆집에 사는 개, 수상한 물건 등을 경계할 때에도 이런 위협적인 울음소리를 냅니다. 공격적인 행위로 보이지만 사실은 싸움을 피할 목적으로 사용하는 방어적인 울음소리입니다. 위협의 단계에서 상대방이 물러나면 싸우지 않고도 이기는 셈이므로 부상을 당하지도 않고 체력 소모를 막을 수도 있다고 생각하는 것입니다.

위협 행동의 횟수가 많아지면 고양이 스스로 스트레스를 받습니다. 생활공간을 잘 살펴 안심할 수 있는 환경을 만들어줍시다.

1

방어를 위한 위협

"캭~" 하는 울음소리는 공격이라기보다는 방어하려는 위협입니다. 울음소리와 몸짓으로 "오지 마!"라는 뜻을 전하며 상대방을 견제합니다. 그러다가 궁지에 몰리면 어쩔 수 없이 공격으로 전환합니다.

무서우니까 위협한다.

자신의 영역인 집 안으로 낯선 사람이나 다른 고양이가 들어오면 상대를 적으로 간주할 가능성이 큽니다. 또한 집 밖이나 동물병원처럼 저절로 긴장하는 장소에서는 공포를 느끼고 상대방을 위협하기도 합니다.

오지 마, 오지 마, 오지 마······.

크릉

덤벼봐.

가만히 놔둔다.

위협하는 고양이는 당장이라도 싸울 준비가 되어 있습니다. 아무리 달래도 소용없으며, 섣불리 건드리면 공격당합니다. 그러므로 진정할 때까지 기다리는 수밖에 없습니다.

2

위협하는 행동의 빈도는 경계심에 비례한다.

위협하는 행동의 빈도는 경계심에 비례합니다. 위협하는 행동의 빈도가 잦으면 고양이가 스트레스를 받고 있지는 않은지 유심히 살펴야 합니다. 낯선 사람이 왔을 때 숨을 수 있는 장소를 만들어주는 등 생활환경을 개선해 위협하는 행동을 하지 않고도 안심할 수 있도록 배려합니다.

3

야생 수컷 고양이의 치열한 영역 다툼

야생 수컷 고양이는 유독 영역 의식이 강합니다. 영역이 만나는 경계에서 고양이는 자주 싸웁니다. 독립한 지 얼마 되지 않은 젊은 고양이는 다른 수컷의 영역을 빼앗으려고 싸웁니다. 야생 수컷 고양이는 영역 다툼을 하거나 암컷 쟁탈전을 할 때 "캭~" 하는 울음소리를 냅니다.

영역 다툼의 결말

야생 수컷 고양이끼리는 위협하는 행동을 자주 보입니다. 이때 어느 한쪽이 물러나지 않으면 싸움으로 발전합니다. 싸움에 져서 영역에서 쫓겨난 고양이는 다른 영역을 찾습니다. 새로운 영역을 찾지 못하면 굶어 죽기도 합니다.

고양이의 몸짓
꼬리로 말한다

꼬리를 눈여겨보면 고양이의 감정을 잘 알 수 있습니다. 꼬리를 수직으로 빳빳하게 세운 채 주인에게 다가오는 행동은 어리광을 부리고 싶다는 뜻입니다.

꼬리 움직임으로 고양이의 기분을 이해할 수 있다.

꼬리는 고양이의 감정이 직접적으로 드러나는 부위입니다. 어쩌면 꼬리는 표정보다 고양이의 기분을 더 뚜렷이 이야기하고 있을지도 모릅니다. 고양이는 뻗기, 말기, 흔들기, 늘어뜨리기 등 꼬리의 여러 움직임으로 의사 표시를 합니다. 야생 고양잇과 동물이 서로 비슷하게 꼬리를 사용하는 것을 보면 아마도 꼬리 움직임은 선조부터 대대로 이어져 내려온 소통 방식이겠지요.

고양이 말고도 꼬리가 있으며 사람과 친근한 동물로 개가 대표적입니다. 하지만 고양이와 개의 꼬리 움직임과 그 의미는 전혀 다르다는 사실을 알아두어야 합니다.

고양이의 감정과 꼬리 움직임

18~19개의 뼈와 12개의 근육이 만들어내는 꼬리의 섬세한 움직임에는 아래와 같은 감정이 숨어 있습니다.

우호, 만족	기쁨	깔봄	분노
인사하는 자세. 꼬리를 위로 곧추세운다.	꼬리를 좌우로 덜덜 떤다.	우호를 나타내는 꼬리 모양과 비슷하지만 이때에는 곧추세운 꼬리를 좌우로 흔든다.	위협하는 행동을 할 때의 꼬리 모양. 털을 바짝 세워 부풀린다.
자신감 없음	**상황을 지켜봄**	**우호**	**방어**
꼬리가 빳빳이 서 있지만 끝이 말려 있다.	자신감 없이 상황을 지켜볼 때는 꼬리가 수평보다 약간 위로 올라간다.	꼬리를 지면과 수평으로 가볍게 뻗는다.	꼬리에 약간 힘을 주고 경계한다.
공격	**복종**	**경계, 흥미**	**초조함**
꼬리를 축 늘어뜨리고 공격을 준비한다.	공포를 느끼고 자신의 몸집이 작아 보이도록 한다. 꼬리가 공격당하는 것을 막으려는 목적도 있다.	꼬리 끝을 실룩실룩 움직인다. 이름이 불렸는데 뒤돌아보기는 싫지만 신경은 쓰일 때에도 마찬가지다.	꼬리를 좌우로 심하게 흔든다. 가끔 꼬리로 바닥을 치기도 한다.

고양이의 몸짓

그루밍은 기분을 안정시킨다

고양이는 자신의 털을 핥으면 기분이 안정됩니다. 그래서 긴장이나 불안을 해소하려고 일부러 그루밍을 하기도 합니다.

하루도 빠지않이 털 손질

털이 잘 빠지는 시기가 있다.

사람이 계절마다 알맞은 옷으로 갈아입듯이 고양이도 털이 빠지고 다시 자라는 털갈이 시기가 있습니다.

환절기에는 단모종, 장모종을 가리지 않고 털갈이를 합니다. 하지만 실내에서 주로 지내는 집고양이는 기온 차를 거의 느끼지 않으므로 명확한 털갈이 시기 없이 1년 내내 털이 잘 빠집니다.

고양이는 그루밍을 스스로 하므로 비교적 청결하지만 브러싱이 필요할 때도 있습니다 (p.88). 브러싱을 하면 빠진 털을 제거할 수 있을 뿐 아니라 혈액 순환이 좋아지고 피부 건강을 유지할 수 있습니다.

1

기본적인 손질은 브러싱만으로 충분

고양이는 그루밍을 하므로 기본적인 손질은 브러싱만으로 충분합니다. 장모종은 빗이나 슬리커 브러시로, 단모종은 러버 브러시를 씁니다(p.88).

잊지 말라고.

브러싱으로 오래된 털을 제거한다. ──────

러버 브러시로 브러싱을 처음 할 때 고양이털이 지나치게 많이 빠져 불안할 수 있습니다. 브러싱으로 제거하는 털은 머잖아 어차피 빠질 오래된 털이므로 일주일에 한 번 브러싱을 하는 정도라면 그다지 걱정할 필요는 없습니다.

브러싱은 중요한 소통 행위 ──────

브러싱은 혈액 순환을 촉진하는 마사지 효과도 있을뿐더러 고양이와 나누는 중요한 소통 방법이기도 합니다. 반드시 하루에 한 번 브러싱하는 시간을 갖길 바랍니다.

2

장모종은 하루에 한 번 브러싱

장모종은 털 뭉치가 잘 생기고, 피부가 쉽게 곪는 경향이 있습니다. 잘 돌봐주지 않으면 피부 건강이 나빠지므로 날마다 브러싱을 하는 습관이 필요합니다.

오늘도 잘 부탁해.

3

그루밍을 너무 자주 하면 잘 살필 것

마음을 안정시키려고 그루밍을 하기도 합니다. 어떤 실수를 했을 때 그루밍을 하는 이유도 마찬가지입니다. 지나친 스트레스를 받으면 손톱을 물어뜯는 사람처럼 고양이도 자신의 몸을 핥으면서 스트레스를 해소하려 합니다. 그러므로 그루밍을 너무 자주 하지는 않는지 주의 깊게 살펴봐야 합니다.

대체 왜 이럴까?

하아…

그루밍의 의미

불안, 공포, 스트레스를 발산하려고 그루밍을 하기도 합니다. '대체 행동(displacement behavior)'이라 부르는 현상입니다.

고양이의 몸짓
발톱을 갈면 개운해

고양이는 발톱을 갈아서 오래된 발톱 층을 벗기고 날카로운 발톱을 유지합니다. 발톱은 평소에는 발가락 안에 감추고 필요할 때 꺼내 사용합니다.

발톱을 갈지 않으면 불안해.

발톱 갈기는 고양이의 습성

고양이에게 발톱은 살아가는 데 대단히 중요한 부위입니다. 뾰족한 발톱이 있으면 사냥감을 잡기 쉽습니다. 발톱을 가는 이유는 그뿐만이 아닙니다. 할퀸 자국과 발바닥 냄새로 마킹하려 하거나 초조함을 해소하려는 의도도 있습니다. 발톱 갈기는 고양이의 습성이므로 억지로 막을 수 없습니다.

따라서 가구를 보호하려면 발톱을 갈기에 가구보다 더 매력적인 스크래처(발톱 갈기판)를 고양이에게 제공하는 것이 좋습니다. 스크래처는 나무, 삼베, 골판지, 천 등 발톱이 잘 박히는 소재가 좋습니다.

1

영역을 주장할 때에도 발톱을 간다.

마킹을 할 때에는 발톱을 가는 행위로 할퀸 흔적과 발바닥 냄새를 남겨 자신의 영역을 주장합니다. 자신의 몸집이 커 보이게 하고 싶어 가능한 한 높은 위치에 할퀸 흔적을 남깁니다.

야생의 흔적

야생에서도 표범 같은 고양잇과 동물은 나무줄기의 높은 곳에 할퀸 흔적을 남깁니다.

내가 남긴 무늬라고.

뒷발은 관절 구조 때문에 스스로 갈지 못한다.

앞발과 달리 뒷발은 사냥감을 제압할 때 사용하지 않기 때문에 발톱이 약간 둥그스름해도 괜찮습니다. 어쩌면 나무에 오를 때 뒷발 발톱이 자연스럽게 갈리는지도 모릅니다.

가구와 벽을 보호한다.

가구와 벽에 붙이는 아크릴판도 시중에 판매되고 있지만 발톱이 박히지 않기 때문에 고양이는 아크릴판에 발톱을 갈지 않습니다.

그곳에 발톱을 갈 수 있겠어?

2

발톱 갈기를 억지로 막지 말자.

발톱 갈기는 마킹 행위입니다. 마킹은 고양이의 습성이므로 막을 수 없습니다. 가구를 보호하고 싶다면 보호대를 붙이거나 가구보다 더 매력적인 스크래처를 설치해줍니다. 스크래처를 설치한 후에 판 부분에 고양이의 앞발을 가져다 대고 발톱을 갈듯이 움직여주면 고양이의 냄새가 판에 붙습니다. 그러면 고양이는 그 후부터 스크래처에 발톱 갈기를 합니다.

3

관절 통증 때문에 발톱을 갈지 않을지도

관절이 아프면 발톱 갈기를 하지 않기도 합니다. 발톱 갈기의 횟수가 줄어들거나 발톱이 뾰족하게 갈리지 않고 둥그스름한 상태가 오래 가면 고양이의 걸음걸이와 앉는 자세 등을 살펴 관절에 통증이 있는지 확인해봅니다.

노묘는 발톱을 자주 잘라준다.

나이 든 고양이는 발톱을 스스로 손질하기 힘듭니다. 발톱이 카펫이나 커튼에 걸리면 매우 위험하므로 발톱을 자주 잘라주어야 합니다.

뒷발차기는 사냥 연습

고양이의 뒷발차기 힘을 얕보아서는 안 됩니다. 고양이 뒷발은 높은 점프력을 뒷받침해주는 강력한 힘을 지니고 있습니다.

꾸준히 단련

사냥 본능을 만족시켜주는 뒷발차기

고양이는 사냥 본능이 강해 움직이는 물체를 쫓거나 잡는 포식 행동을 자주 보입니다. 사람의 손이나 인형을 감싸 안고 뒷발로 차는 행동도 그중 하나입니다.

이런 행동은 사람이 볼 땐 놀이에 불과하지만 고양이에게는 진지한 사냥 연습입니다. 장난기 없이 힘껏 물거나 찰 때도 있습니다. 고양이가 사람 손에 함부로 뒷발차기를 한다면 고양이에게 인형을 건네줘 사람이 다치지 않도록 합니다. 이런 식으로 고양이의 본능을 만족시켜주려는 노력이 필요합니다.

1

뒷다리의 차는 힘이 더 강하다.

고양이의 뒷다리는 점프하거나 나무에 오를 때 스프링처럼 강한 힘을 발휘합니다. 앞다리에는 머리 부분을 포함한 상반신을 받치는 힘이 있습니다.

뒷다리 힘이 약할 때
뒷다리로 밀치는 힘이 약하면 관절 질환, 신경 이상, 골절 등을 의심할 수 있습니다.

킥!!

KICK

2

사람을 찰 때도 있는 힘껏

뒷발차기는 사냥 연습입니다. 상대방에게 타격을 주는 것이 목적이므로 대상이 사람이더라도 전혀 봐주지 않습니다.

다리를 잡으면 질색한다.
뒷발차기를 한다고 해서 고양이 다리를 잡으면 고양이는 질색합니다(p.111).
앞다리든 뒷다리든 다리에 손을 대면 싫어하는 고양이가 적지 않습니다.

3

아프면 놀아주지 않는다.

고양이에게 차여서 아플 때는 고양이와 놀아주지 말고 자리를 일단 피합니다. 본능에 따른 행동이므로 혼내서는 안 됩니다. 그 대신에 인형을 건네주면 좋습니다. 본능이 시키는 대로 인형을 차는데 열중하다보면 고양이는 어느새 기분이 개운해집니다.

뒷다리와 앞다리
고양이는 앞다리에 몸무게가 더 실리지만 뒷다리의 힘이 오히려 더 강합니다.

나랑 놀아주려고?

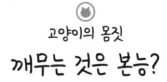

고양이의 몸짓

깨무는 것은 본능?

고양이가 열심히 놀다가 흥분한 나머지 사람 손가락을 장난감으로 착각해 강하게 깨물 때가 있습니다. 이때는 고양이에게서 떨어져 '깨물면 더 이상 놀아주지 않는다.'라는 사실을 학습시켜야 합니다.

육식에 맞게 자라는 고양이의 치아

고양이의 젖니는 생후 4개월 정도부터 2~3개월에 걸쳐 영구치로 바뀝니다. 고양이는 대부분 빠진 젖니를 삼킨다고 합니다.

고양이는 잘 발달한 송곳니로 사냥감의 숨통을 끊고 사냥감을 앞니로 찢은 후 가위 모양의 어금니로 잘게 자릅니다. 주식인 육류는 소화가 잘되기 때문에 잘게 으깨지 않아도 됩니다. 목구멍으로 넘길 수 있을 정도로만 자르면 충분합니다. 고양이 사료는 통째로 삼킬 수 있는 크기이므로 치아가 빠져도 먹을 수 있습니다.

1

새끼 고양이는 깨물면서 사냥 연습을 한다.

새끼 고양이는 여러 가지 물건을 깨물면서 사냥 연습을 합니다. 새끼일 때는 경험이 부족한 탓에 깨무는 힘을 잘 조절하지 못합니다. 생후 1개월 반부터 다른 고양이와 싸우는 일이 잦고 상대를 너무 강하게 깨물어 화나게 만들기도 합니다. 이런 연습으로 고양이는 깨무는 강도를 익힙니다.

무엇이든 일단 깨문다.

무심코 걷다가 고양이에게 물린다.
무심코 걷고 있는데 고양이가 다리로 덤벼들 때가 있습니다. 고양이의 눈높이에서는 움직이는 사람 다리가 사냥감처럼 보이므로 자신도 모르게 덤벼드는 것입니다.

2

사람을 물면 무시한다.

사람의 손을 깨물면 철저히 무시(무반응)합니다. 그러면 고양이는 흥미를 잃어버립니다. 놀아줄 때는 사람의 손 대신에 강아지풀을 물도록 하면 고양이에게 물리는 일이 없습니다.

깨무는 보람이 없네.

새끼 고양이에게 학습시킨다.
새끼 고양이에게 물렸을 때 새끼 고양이를 혼내면 안 됩니다. 계속 물면 고양이로부터 멀리 떨어져 '깨물면 더 이상 놀아주지 않는다.'라는 사실을 학습시킵니다.

3

억지로 그만두게 하기보다는 원인을 밝혀낸다.

깨물기는 기본적으로 사냥 훈련이지만 스트레스 때문에 생긴 공격 행동일 수도 있습니다. 이럴 때는 상대방을 공격하는 이유를 알아낸 후에 적절하게 대처해야 합니다.

원인을 생각한다.
평소에 고양이를 유심히 관찰하고 원인이 무엇인지 수의사와 상담합니다. 스트레스를 풀기 위해 공격 행동을 일삼는 고양이도 있습니다. 또한 사람이 고양이의 발톱, 다리 혹은 다친 부위 등을 만지면 고양이는 '방어 본능'으로 사람을 깨물기도 합니다.

고양이의 몸짓
마킹으로 자기 영역을 주장

단독 행동을 하는 고양이는 '자기 영역'을 지키면서 생활해왔습니다. 평온하게 살아가려면 고양이끼리 서로 '간섭하지 않는 것'이 중요했기 때문입니다.

소변 뿌리기(스프레이), 비비기, 발톱 갈기는 모두 마킹 행위

고양이는 특정 장소에 자신의 소변이나 체취를 묻혀 자기 영역을 주장합니다. 이런 행동을 마킹이라고 합니다.

대표적인 마킹 행동으로 중성화 수술(p.96)을 하지 않은 수컷이 소변을 뿌리는 것을 꼽을 수 있습니다. 생리적으로 배뇨할 때와는 달리 자신의 존재를 주장하려는 목적이므로 냄새가 강한 소변을 광범위하게 뿌립니다. 중성화 수술을 하면 이런 행동이 줄어들지만 완전히 사라지지는 않습니다.

그 외에 발톱 갈기(p.58)는 할퀸 자국과 발바닥 냄새를 남기는 행동이고, 비비기(p.50)는 이마 등 얼굴 주변의 냄새를 문질러 바르는 행동입니다.

수컷은 냄새가 강렬
특히 수컷은 소변을 뿌리는 '스프레이'라는 마킹의 냄새가 강렬합니다. 후각이 둔한 사람도 평소의 소변과 다르다는 사실을 알아차릴 정도로 특유의 냄새가 납니다.

어때?

1

높은 곳에 마킹하는 이유

마킹할 때는 어떤 방법으로든 높은 곳에 냄새를 묻히려 합니다. 자신의 몸집이 커 보이도록 해서 상대방에게 위협을 주려는 목적입니다.

후후

2

수컷은 암컷에 비해 마킹의 횟수가 많고 냄새도 강하다.

암컷은 음식만 확보할 수 있으면 영역에 집착하지 않습니다. 하지만 수컷은 많은 암컷을 독차지하고 싶어 하므로 마킹 횟수가 많고 냄새도 강합니다.

스프레이의 효력
스프레이의 효력은 24시간 정도입니다. 실내에서 지내는 고양이도 날마다 자기 영역을 돌아다니며 마킹을 새로 합니다.

3

수컷의 스프레이는 중성화 수술로 막는다.

스프레이가 습관이 되면 멈추기 힘듭니다. 수컷은 생후 6개월, 몸무게 2.5킬로그램이 되면 중성화 수술을 해줍니다. 암컷은 원래 스프레이를 잘 하지 않으며, 피임 수술을 해도 눈에 띄는 변화가 없습니다.

혼내서 그만두게 하면 안 된다.
마킹 행위는 고양이의 습성이므로 혼내서 그만두게 하기 어렵습니다. 마킹 행위는 중성화 수술로 막는 수밖에 없습니다.

고양이의 행동

앉는 자세로
편안한 상태를 알 수 있다

고양이가 배를 드러내고 벌러덩 누우면 "관심 가져줘.", "놀아줘." 하고 요구하는 것입니다. 앉는 자세로도 고양이의 기분을 알 수 있습니다.

잠깐 휴식.

고양이가 평소 앉는 자세를 관찰

앉는 자세를 보면 고양이가 얼마나 편안한지 알 수 있습니다. 야생 고양이는 적에게 언제 습격당할지 모르는 환경에서 지냅니다. 그러므로 주변을 경계하면서 언제든지 도망칠 수 있는 자세를 취할 때가 많습니다. 그러나 집 안에는 적이 없습니다. 집고양이는 도망치기 위한 순간적인 행동이 불필요하기 때문에 벌러덩 드러눕거나 앞발을 감추고 앉는 등 기본적으로 편한 자세로 지냅니다.

앉는 자세가 개성적인 고양이도 있습니다. 어렸을 때부터 습관처럼 취하던 자세가 갑자기 바뀌면 관절이나 다른 부위에 이상이 생긴 것일지도 모르니 의심해봐야 합니다.

1

다리를 앞으로 내밀고 앉는다.

앞다리를 뻗은 상태에서는 곧바로 일어나 도망칠 수 있습니다. 이 자세는 긴장을 완전히 푼 상태가 아니라 약간 불안하게 앉은 자세입니다.

엉덩이를 바닥에 붙이고 앉는 귀여운 자세를 취하는 이유
스코티시폴드는 뒷다리를 앞으로 내밀고 앉습니다. 이는 다리의 연골이 굳어 다리를 구부리지 못하는 스코티시폴드 특유의 자세입니다.

2

벌러덩 드러눕기, 식빵자세

배를 내밀고 무방비 상태로 드러눕는 자세나 앞발을 몸 아래로 집어넣는 식빵자세는 다음 동작을 곧바로 취하기 어려운 자세입니다. 마음이 편안할 때 취하는 자세라 할 수 있습니다.

네 마음대로 해.

마음이 편안하다는 증거
고양이에게 배는 급소입니다. 급소인 배를 보여주는 것은 상대방을 믿는다는 증거이며 마음이 편안하다는 표시입니다.

3

앉는 자세가 바뀌면 관절을 다쳤을 수도

무릎, 고관절 등의 관절에 이상이 생기면 다리를 굽힐 수 없습니다. 나이가 들면 관절도 약해집니다. 따라서 평소에 앉는 자세와 다르면 주의 깊게 살펴봐야 합니다.

나이 든 고양이는 관절에 질병이 잘 생긴다.
나이가 들면 변형성 관절염이라는 관절 질환이 잘 생깁니다. 12세 이상의 고양이 중 70퍼센트가 이 병을 앓고 있습니다. 적절한 치료로 통증을 없앨 수 있습니다.

고양이의 행동
걷는 모습이 알려주는 희로애락

고양이가 걷는 모습을 보면 고양이의 기분을 어느 정도 짐작할 수 있습니다. 마음이 편안한지, 주위를 경계하고 있는지 고양이의 걸음걸이로 판단해봅시다.

날씨 좋구나.

위를 보고 걸으면 기쁘다?

걷는 모습도 고양이의 기분을 알 수 있는 판단 기준입니다. 마치 율동하듯이 펄쩍펄쩍 뛰면서 걸으면 기분이 좋다는 의미입니다. 얼굴과 꼬리를 천장으로 향한 채 걸으면 무척 기쁜 일이 생긴 것입니다. 반대로 기운 없이 터벅터벅 걸으면 몸 상태가 나빠졌을 가능성이 있습니다.

걷는 모습의 변화를 알아차리려면 평소에 고양이가 어떻게 걷는지 관찰하는 것이 중요합니다.

덧붙여 고양이는 개와 마찬가지로 지면에 발가락만 붙여 걷는 방식인 '지행성(趾行性)'으로 걷습니다.

1

웅크리면서 걷는다.

몸을 낮추고 걷는다면 주변
을 경계한다는 신호입니다.
사냥감을 발견했을 때에도
사냥감에게 곧바로 달려들
수 있도록 상반신을 웅크린
채 살며시 걷습니다.

살금살금

엉덩이를 좌우로 흔들 때는?
사냥감을 노릴 때의 고양이는 몸을 낮추면서 엉
덩이를 좌우로 흔들기도 합니다. 이렇게 움직
이는 엉덩이는 '사냥감에게 달려들고 싶지만 타
이밍을 맞추지 못하면 사냥에 실패할지도 모른
다.'라는 마음속 갈등을 표현합니다.

걷기 힘들어.

2

몸이 아프면 걸음걸이도 바뀐다.

평상시에는 보폭이 동일하고 네 다리에
균등하게 힘이 실립니다. 만약 한쪽 다리
를 치켜들거나 질질 끌면서 걸으면 통증
이 생겼을지 모르니 의심해봐야 합니다.

수의사와 상담한다.
다리를 감추거나 다리 만지는 것을 싫어하면 통증이나 평소와 다른 상태
를 느끼고 있을 가능성이 있습니다.

3

발꿈치를 바닥에 대거나 머리를 들어올리지 못하면 질병을 의심한다.

주변을 경계하는 것도 아닌데 머리를
숙인 채 걷거나 뒷 발꿈치를 바닥에 대
고 걸으면 질병에 걸렸을지 모르므로
동물병원에 데리고 갑니다.

당뇨병에 걸렸을 가능성도
뒷 발꿈치를 바닥에 대고 걷는다면 당뇨병에
걸렸을 가능성이 있습니다. 고양이의 발꿈치는
뼈가 튀어나온 부위입니다.

무릎

발가락
앞 발꿈치
뒷 발가락
뒷 발꿈치

잘 기억해두라고.

고양이의 행동
높은 곳은 안전해

고양이는 몸을 보호하고 식량을 확보하기 쉬운 곳을 좋아합니다. 높은 곳은 떨어져 다칠 위험이 있으므로 조심해야 합니다.

냐하하

고양이와 생활하려면 높은 장소가 꼭 필요하다.

높은 곳은 적이 적을 뿐 아니라 사냥감을 쉽게 발견할 수 있는 위치이기도 합니다. 고양이에게는 가장 안심할 수 있고 좋은 일이 가득한 곳이라 할 수 있습니다.

이렇듯 대부분의 고양이는 안심할 수 있고 안전하기까지 한 높은 장소를 선호합니다. 때로는 높은 장소를 두고 고양이끼리 다투기도 합니다. 다툼에서 이겨 높은 장소를 차지한 고양이가 가장 강하고 대단해 보이지만 사실 장소의 높이와 지위는 그다지 관련이 없다고 합니다.

이따금 너무 높은 곳에 올라갔다가 내려오지 못하기도 합니다. 따라서 고양이의 능력에 맞게 캣 타워의 높이를 조절해야 합니다.

1

고양이는 반고리관이 발달했다.

고양이는 반고리관이 발달했기 때문에 높은 곳에서 미끄러져 떨어져도 위아래 방향과 높이를 판단한 후 낙법 자체를 취할 수 있습니다. 나무 위에서 생활하던 선조의 능력을 물려받았기 때문입니다. 자기 키의 5배에 달하는 약 2~2.5미터 정도의 높이로 뛰어오를 수도 있습니다.

3회전 착지.

착지에 필수적인 육구
고양이의 육구는 말랑말랑해서 만지면 기분이 좋습니다. 육구의 탄력이 쿠션 역할을 해 착지할 때 충격을 완화합니다.

2

낙법을 제대로 못하면 골절을 당하기도

소파처럼 낮은 곳에서 떨어지는 것은 언뜻 안전해 보입니다. 하지만 착지할 때까지 시간이 짧아 낙법을 제대로 취하지 못해 골절을 당하기도 합니다.

골절의 징후
불안한 울음소리를 내거나 제대로 움직이지 못하면 골절을 당했을 가능성이 높습니다.

3

베란다에서 떨어지지 않도록 주의

실내 사육을 할 때는 고양이가 베란다에서 떨어지지 않도록 주의해야 합니다. 특히 5, 6층에서 떨어지면 지면에 도달할 때까지 속도가 붙어 사망률이 높습니다. 7층 이상에서는 떨어지면서 낙하 속도가 줄어들기 때문에 사망률이 5, 6층보다 낮습니다. 하지만 위험하기는 마찬가지입니다.

백만 불짜리 야경.

베란다에는 그물을 친다.
베란다에 고양이를 내보내지 않는 것이 가장 좋습니다. 베란다에 꼭 내보내야 한다면 튼튼한 그물을 쳐서 울타리의 틈을 막습니다. 그리고 고양이가 밟고 올라설 수 있는 받침대를 치웁니다.

고양이의 행동
좁은 곳이라야 마음이 놓여

고양이가 숨어 들어가 마음을 안정시킬 수 있도록 좁은 장소를 마련해줍니다. 좁은 장소에서 좀처럼 나오지 않으면 질병에 걸렸을 수도 있습니다.

고양이는 좁은 곳을 매우 좋아한다.

고양이는 서랍 안이나 가구의 틈새 등 좁은 곳을 좋아합니다. 야생에서 생활하던 선조로부터 적에게 들키거나 공격당하지 않는 곳에서 쉬는 습성을 물려받았기 때문입니다. 특히 높고 좁은 장소를 선호하는 경향이 있습니다.

실내에서 안전하게 지내는 고양이도 집에 낯선 사람이 찾아오거나 낯선 소리에 놀라면 소파 아래, 침대 아래, 옷장 위 같은 곳에 숨습니다. 집고양이에게도 혼자서 마음을 안정시킬 수 있는 장소가 필요한 것입니다. 이러한 본능적인 욕구를 채워주는 장소가 있다면 고양이는 크게 만족합니다.

1

고양이가 숨을 수 있는 장소를 마련한다.

고양이는 좁은 장소를 스스로 찾아내지만 가능하면 주인이 마련해주는 것이 좋습니다. 사람의 손이 닿지 않는 높고 좁은 곳에 고양이가 좋아할 만한 소재의 침대를 둡니다.

꿈의 별장!

고양이가 숨을 수 있는 좁은 집
터널 모양의 장난감 등 은신처로 활용할 수 있는 상품이 시중에 나와 있습니다. 또는 한쪽 면만 개방한 골판지 상자를 복도 구석에 두기만 해도 충분합니다.

2

전진, 전진

숨는 것을 좋아하는 고양이는 호기심이 강하다.

쉬고 싶거나 무서울 때만 숨는 것이 아닙니다. 고양이는 호기심이 왕성하기 때문에 방 안 구석구석을 탐험하고 싶어 합니다.

야생의 습성
좁은 곳에 숨는 이유는 사방이 막혀 있는 곳에서 적의 위협 없이 안심한 상태로 휴식을 취하고 싶어 하는 야생의 습성이 남아 있기 때문입니다.

3

줄곧 숨어 있기만 하는 고양이는 잘 살펴볼 것

몸 상태가 나쁘면 좁은 곳에 숨어 잘 나오지 않습니다. 밥도 먹지 않고 불러도 반응하지 않으면 동물병원에 곧바로 데려가 진찰을 받도록 합니다.

기분 탓일까, 몸 상태가 나빠서일까?
고양이가 좁은 곳에서 나오지 않는 이유가 고양이의 기분 때문인지, 몸 상태가 좋지 않아서인지 고양이의 성격에 비춰 판단합니다.

꼭 나가야 해?

구토는 습성? 질병?

질병의 징후를 놓치지 않도록 평소에 구토의 횟수 등을 체크합니다.

고양이의 토사물을 확인한다.

인간과 달리 고양이는 건강한 상태여도 구토를 합니다. 장모종은 그루밍하면서 털을 삼키기 때문에 털 뭉치를 토해내기도 합니다. 또한 음식을 급하게 먹는 고양이는 식사를 마친 후에 구토하는 일이 많습니다. 왜냐하면 음식이 위액과 섞이면서 부풀어 오르기 때문입니다. 이럴 때는 음식을 천천히 먹도록 유도합니다.

'고양이는 원래 구토를 잘하는 동물'이라는 속설을 그대로 믿으면 안 됩니다. 구토하는 횟수가 늘어났을 때 질병의 징후를 놓칠 수 있기 때문입니다. 구토를 너무 자주 하면 대처 방법을 서둘러 찾는 것이 중요합니다.

1

구토를 할 때 확인해야 할 사항

'구토 주 1회 이하', '몸무게 줄어들지 않음', '식욕 있음', '설사를 하지 않음' 이렇게 네 가지 조건을 모두 만족하는 경우가 아니라면 고양이가 토했을 때 동물병원에 데려가야 합니다.

무엇을 토했나?

털 뭉치만 토할 때 왼쪽에 언급한 위 네 가지 조건을 모두 만족하면 상황을 좀 더 지켜봐도 됩니다. 토사물이 털 뭉치라고 판단할 수 없다면 그 토사물을 들고 동물병원에 가서 수의사의 진찰을 받도록 합니다.

2

제대로 토하지 못하는 고양이에게는 고양이풀을

고양이풀의 특징은 뾰족뾰족한 잎입니다. 소화기관을 자극해 고양이가 털 뭉치를 토해내도록 도와줍니다. 평소에는 먹을 필요가 없지만 털 뭉치를 토해내고 싶어 하는데도 잘 뱉지 못한다면 그때 고양이풀을 먹이면 좋습니다. 털 뭉치는 배 속에 오랫동안 쌓이면 위험하지만 일반적으로 토사물이나 배설물에 섞여 몸 밖으로 나갑니다.

집에서 재배

고양이풀은 귀리와 비슷한 볏과 식물입니다. 햄스터나 토끼의 사료로 팔고 있는 귀리를 구입해 집에서 재배해도 좋습니다.

3

단모종이 털 뭉치를 토한다면 질병을 의심한다.

장모종에 비해 단모종은 털이 적게 빠집니다. 단모종인데도 털 뭉치를 자주 토하면 몸에 이상이 생겨 털이 많이 빠졌을 가능성이 있습니다.

토하고 싶어 하는데 토하지 못한다.

커다란 이물질이 목이나 식도에 걸려 있으면 구역질만 연방 해대면서 제대로 토해내지 못합니다. 이때에는 구역질을 수반하는 모든 병을 의심할 수 있으므로 동물병원에 곧바로 데려가야 합니다.

급격히 살찌면 병에 걸렸을지도

전체적으로 살쪄 보인다면 의심할 여지없이 비만입니다. 수의사와 함께 목표 체중을 정하고 식사 제한과 운동으로 다이어트를 시켜줍니다.

before

After

몸이 무거워……

임신 가능성이 없는데도 배가 불룩하다면 잘 살펴볼 것

고양이가 배만 불룩하게 나왔다면 질병에 걸렸을지 모릅니다. 불룩해진 모양을 확인하면 원인을 알 수 있습니다.

복근 바깥쪽이 부분적으로 불룩하다면 종양입니다. 양성과 악성(암)이 있으므로 판별 검사가 필요합니다. 다리와 등은 말랐는데 복근 안쪽만 전체적으로 불룩하다면 암 때문에 생긴 내장 팽창이나 복수가 원인일 수 있습니다. 어느 쪽이든 병원에서 검진을 받아야 합니다. 피임 수술을 하지 않은 암컷은 임신했을 수도 있습니다.

/ 고양이의 비만도 체크

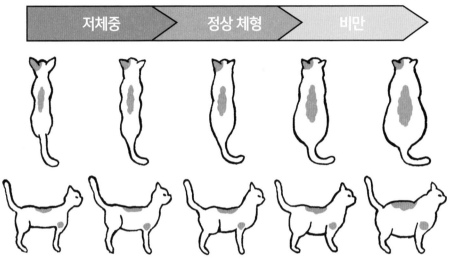

갈비뼈가 드러나고 허리가 매우 잘록
한 상태. 옆에서 보면 배가 쏙 들어가
있다. 식사량을 조금 늘려야 한다.

갈비뼈를 만질 수는 있지만 지방으로
얇게 덮여 있다. 허리는 적당히 잘록하
다. 옆에서 보면 배가 쏙 들어가 있다.

갈비뼈가 지방으로 두껍게 덮여 있어
만질 수 없다. 배, 허리, 다리에도 지방
이 덮여 있다. 옆에서 보면 배가 불룩
나와 있다.

맛있다, 맛있어.

ㄹ 잘 먹는데도 살이 빠지면 질병의 신호

매일 밥을 잘 먹는데도 살이 빠진다면 갑상선 관련
질병일 수 있습니다. 이처럼 '너무 뚱뚱한 것'은 물
론 '너무 마른 것'도 질병을 의심해봐야 하는 신호입
니다. 위의 비만도 체크에 해당하지 않는 부분적인
부위의 체중 변화 역시 주의가 필요합니다.

8세 이상의 고양이는 각별히 주의

몸무게가 한 달에 5퍼센트 이상 줄어들면 조심해야 합니다. 잘 먹는데
도 살이 빠지면 갑상선 기능 항진증(p.153)에 걸렸을 수도 있습니다.
이 질병은 8세가 지나면 자주 걸립니다. 또한 몸무게가 한 달에 5퍼센
트 이상 늘어나면 살이 쪘다고 판단할 수 있습니다. 급격히 성장하는
중인 새끼 고양이라면 문제가 없지만 성묘는 과식과 운동 부족이 원
인이라 할 수 있습니다.

덥지 않은데도 차가운 곳으로 이동하면 질병 신호

고양이는 참을성이 강한 동물입니다. 자신의 약점을 남들에게 좀처럼 보여주려 하지 않습니다. 차가운 곳으로 이동하는 평범한 행동도 어쩌면 질병의 징후일 수 있습니다.

나 여기 있다고.

스스로 판단하지 말고 수의사와 상담한다.

고양이가 차가운 곳으로 이동한다면 심각한 병에 걸렸을지도 모릅니다.
고양이는 더위에 강한 동물입니다. 건강한 고양이는 몸을 식히기 위해 차가운 곳으로 이동하는 일이 좀처럼 없습니다. 차가운 장소에서 쉬려는 이유는 두 가지입니다. 첫째, 몸 상태가 나빠 체온이 내려갔기 때문입니다. 고양이의 평균 체온은 약 38도지만 몸 상태가 좋지 않아 평균 체온이 36도로 내려가면 실내가 덥다고 느낍니다. 둘째, 몸 상태가 좋지 않아 숨으려고 찾아 들어간 곳이 마침 차가운 장소일 수도 있습니다. 어느 쪽이든 목숨을 위협하는 심각한 질병을 의심할 수 있으므로 꼭 동물병원에 데려가야 합니다.

1

그날의 기온으로 판단한다.

기온이 30도를 넘는 더운 날에 에어컨을 틀지 않으면 고양이가 차가운 장소로 자연스럽게 움직이기도 합니다. 하지만 에어컨을 틀었는데도 고양이가 차가운 장소로 이동한다면 눈여겨볼 필요가 있습니다.

겨울철에도 주의
난방이 너무 세면 고양이가 차가운 장소로 이동할 수 있습니다. 체온이 내려가면 다시 따뜻한 곳으로 돌아오지만 시간이 흘렀는데도 돌아오지 않으면 잘 살펴봐야 합니다.

집 안에 존재하는 차가운 장소
현관, 복도, 욕실, 나무 바닥, 벽장 등이 집 안에서 찾을 수 있는 차가운 장소입니다.

2

차가운 장소로 가는 이유

몸 상태가 나쁜 고양이가 차가운 장소로 가는 이유는 두 가지입니다. 첫째, 몸 상태가 좋지 않아 체온이 떨어졌기 때문입니다. 둘째, 몸 상태가 나빠 숨으려고 들어간 곳이 마침 차가운 장소였을 수 있습니다. 어느 쪽이든 병원에 당장 데려가야 합니다.

3

병원에 반드시 데려간다.

지병을 앓고 있는 고양이가 차가운 장소로 이동하면 목숨이 위험해졌을 가능성이 있습니다. 이불로 고양이 몸을 따뜻하게 감싸고 동물병원에 데려갑니다.

정확한 상황을 전달한다.
집 안의 어느 곳에 몇 분 동안 있었는지 정확한 정보를 수의사에게 전달합니다.

똑바로 얘기해.

COLUMN 2.

동물병원에 데려가는 일이
망설여진다면

동물병원에 있다 보면 아래와 같은 문의 전화를 자주 받습니다.

"사흘간 구토를 하고 밥도 잘 못 먹는데 그냥 지켜봐도 괜찮을까요?"

이렇듯 "이러이러한 상태인데 동물병원에 안 가도 괜찮을까요?"라는 문의가 많습니다. 하지만 자신이나 가족이 그러한 증상을 보인다면 어떻게 할까요? 분명히 병원에 곧장 가지 않을까요? 고양이니까 그냥 지켜봐도 괜찮다는 생각은 너무나 안이합니다. 고양이를 사람으로 바꿔 생각해본다면 답은 자명합니다.

한편 고양이에게서 이상을 발견했을 때 카메라나 휴대전화로 사진과 동영상을 촬영해 기록으로 남겨두면 진찰할 때 도움이 됩니다. 예를 들어 단순한 기침이라고 생각했는데 알고 보니 재채기나 구역질일 수도 있습니다. 주인의 설명만으로는 알 수 없는 부분도 동영상을 보면 증상을 쉽게 판별할 수 있습니다. 눈 색깔의 변화처럼 고양이와 줄곧 함께 있어야만 알아차릴 수 있는 증상도 있습니다. 이런 경우에는 고양이가 건강할 때의 사진을 미리 찍어두면 이상이 생겼을 때와 비교하기 쉽습니다.

고양이의 질병을 인터넷에서 조사하는 사람도 많은 줄로 압니다. 그러나 질병에 따라서는 목숨이 위태로워질 수도 있으므로 인터넷을 검색하는 시간을 아껴 한 시라도 빨리 동물병원에 가서 검진을 받는 편이 낫습니다. 인터넷의 정보를 믿지만 말고 궁금한 점을 수의사에게 직접 물어보는 것이 중요합니다.

제3장

매일 손질로 고양이를 더욱 건강하게

생활의 기본

하루의 생활 리듬이 있다

고양이의 주된 활동 시간은 새벽과 저녁입니다. 고양이에게도 하루의 생활 리듬이 있습니다. 날이 밝아지고 어두워지는 사이클이 고양이에게 영향을 끼친다는 사실을 잊어서는 안 됩니다.

규칙적인 생활이 건강을 만든다.

고양이는 새벽과 저녁에 활발해집니다. 사람과 함께 생활해도 그 습성이 바뀌지 않습니다. 실내 사육을 하더라도 날이 밝아지고 어두워지는 사이클을 고양이가 느낄 수 있도록 가능하면 매일 일정한 시간에 조명을 꺼야 합니다. 낮에는 밝게, 밤에는 달빛처럼 어둡게 조명을 조절하는 것이 가장 좋습니다.

생활 리듬이 흐트러지면 질병에 걸릴 위험이 커집니다. 특히 1인 가구는 고양이가 오랫동안 배를 곯거나 수면 리듬이 흐트러지지 않도록 조심해야 합니다. 사람과 고양이가 함께 건강해지려면 규칙적인 생활을 하는 것이 좋습니다.

1

배설 사이클을 안다.

하루 배설의 기준은 대변 한두 번, 소변 두세 번입니다. 소변은 많으면 하루에 다섯 번까지도 볼 수 있습니다. 일정한 소변 양을 유지하는 것이 중요하므로 일주일에 한 번 정도는 소변을 흡수한 모래의 굳기를 측정해봐야 합니다.

나온다, 나와.

배뇨 이상 신호

요도 폐쇄로 소변이 나오지 않으면 고양이의 목숨이 위태로워집니다. 요도 폐쇄가 일어난 지 24시간 이내라면 살릴 수 있으므로 얼른 진찰을 받도록 합시다.

2

'계절 번식 동물'인 고양이

고양이는 일조 시간을 감지해 해가 길어지는 춘분 즈음에 발정이 일어나는 계절 번식 동물입니다. 실내 사육에서는 하루에 14시간 이상 조명을 어둡게 켜면 발정이 일어나지 않습니다.

벌써 밤이야?

발정은 언제부터?

빠르면 생후 5~6개월, 늦으면 1세에 발정이 시작됩니다. 실내에서 사육하는 고양이의 발정 횟수는 개체마다 차이가 있지만 1년에 대여섯 번 정도입니다.

3

생활 리듬이 흐트러지면 질병의 원인이 될 수도

생활 리듬이 흐트러지면 다양한 병의 원인이 됩니다. 질병의 원인을 정확히 알기 힘들지만 몸 상태가 나빠지면 생활 리듬부터 되돌아보는 것도 하나의 방법입니다.

이런 이상이 생긴다.

주인이 불규칙한 생활을 지속하면 고양이도 스트레스를 느껴 밥을 잘 먹지 않기도 하고 설사와 구토를 하기도 합니다.

잠을 잘 수가 없다고······.

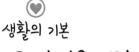

생활의 기본
실내 사육으로 안전을 지킨다

고양이에게 집 밖은 '영역'을 벗어난 곳입니다. 제멋대로 외출하면 대단히 위험합니다.

집고양이는 위험에 처할 일이 드물다.

현재는 행정적으로도 고양이를 완전 실내 사육으로 기르기를 추천합니다. 실내와 실외를 오가면서 키우는 반실외 사육은 교통사고와 전염병 감염이라는 위험에 노출될 수 있고, 배설물 등으로 이웃에게 피해를 입힐 수도 있기 때문입니다.

집고양이는 반실외 사육 고양이보다 건강하고 수명이 깁니다(p.144). 고양이의 안전을 지키고 이웃을 배려하려면 아무리 짧은 시간이라도 고양이를 밖으로 내보내지 말아야 합니다. 현관이나 창문에 고양이가 뛰어넘지 못하는 높이의 울타리를 치고 발코니에도 그물을 설치합니다. 이렇게 해놓으면 고양이가 도망치는 것도 막고 추락 사고도 방지할 수 있습니다.

1

밖으로 나갔을 때 겪을
위험을 생각한다.

밖으로 나가면 길고양이와 싸워
전염병을 옮을 수 있습니다. 논
밭이 많은 시골이라면 유독한 농
약이나 제초제를 섭취하게 될 위
험도 있습니다. 또한 마음씨 나
쁜 사람에게 학대당할지도 모릅
니다.

집 밖에 도사리고 있는 위험

집 밖으로 나가면 교통사고를 당할
위험이 있습니다. 고양이가 난생처
음 보는 자동차와 자전거의 움직임
에 제대로 대처하지 못하고 깜짝 놀
라 제자리에 멈춰버릴 수 있기 때문
입니다.

난 죽기
싫다냥~

2

바깥세상을 알지 못하게 한다.

고양이가 바깥세상을 알면 집 밖으로 나가고 싶어 합니
다. 밖으로 나가려는 욕구를 없애기는 어렵기 때문에 애
초에 바깥세상을 모르게 하는 것이 가장 좋습니다.

집 밖으로 나가지 못하는 고양이가 안쓰러운가?

즐거운 마음으로 바깥세상을 탐험하려는 고양이도 있지만 대부분의 고양이
에게 집 바깥은 '영역'을 벗어난 곳입니다. 밖으로 나갔다가도 금방 되돌아
오는 고양이가 많은 이유는 자기 영역 안에서 마음 편히 지내고 싶기 때문이
겠지요.

우리 집이 최고.

3

목줄도 절대 안심할 수
없다.

고양이를 산책시킬 때 쓰는 목
줄을 시중에서 살 수 있습니
다. 하지만 고양이는 몸이 유
연하기 때문에 목줄을 해도 금
방 풀리고 맙니다. 고양이는
산책을 시키지 않는 편이 무난
합니다.

내가 가고 싶은 곳에
갈 거야.

고양이는 산책과 어울리지 않는다.

고양이는 커다란 소리를 듣거나 빠른 움
직임을 보면 패닉에 빠지기 십상입니다.
또한 점프 운동을 좋아하므로 높은 곳에
흥미를 빼앗기면 사람의 손이 닿지 않는
곳까지 순식간에 올라가 내려올 생각을
하지 않기도 합니다.

하루 이상 집에 홀로 두지 않는다

고양이를 집에 홀로 남기고 외출할 때는 난방이나 냉방을 너무 세게 틀거나 약하게 틀어 놓지 않습니다. 또한 화장실 개수도 늘리고, 물과 음식도 넉넉히 준비합니다.

선물 사와.

2박 이상 집을 비울 때는 펫시터나 호텔을 이용

고양이를 집에 홀로 남기고 외출하는 경우에는 1박을 넘기지 않도록 합니다. 고양이는 단독 생활을 하는 동물이므로 집에서 홀로 지내는 일을 괴로워하지는 않습니다. 하지만 몸 상태가 갑자기 나빠졌을 때 돌봐줄 사람이 없으면 큰일입니다. 고양이에게 자주 발생하는 비뇨기계 질병 때문에 소변을 못 보게 되면 이틀 만에 죽을 수도 있습니다. 그러므로 아침에 출발하면 최소한 다음 날 저녁에는 집으로 돌아오는 스케줄을 잡아야 합니다. 중간에 고양이의 상태를 살펴보러 집에 가달라고 친구에게 부탁하면 안심할 수 있습니다.

외출할 때는 밥과 물을 충분히 준비해두고, 위험한 물건을 치우는 등 생활환경을 정돈해둡니다.

1

되도록이면 누군가에게 맡긴다.

2박 이상 집을 비울 때는 반드시 친구나 펫시터에게 고양이를 맡겨야 합니다. 1박으로 집을 비울 때에도 남에게 맡겨야 안심할 수 있습니다. 고양이가 이동하는 데 스트레스를 느끼지 않는다면 동물병원이나 펫호텔에 맡겨도 좋습니다.

앗, 처음 뵙겠습니다.

믿을 수 있는 사람인가?
집으로 누군가를 부르면 그에게 집 열쇠를 맡겨야 합니다. 당연히 서로 잘 알고 믿을 수 있는 사람이어야 하겠지요. 고양이와 몇 번 만나본 적이 있는 사람에게 맡기는 것이 가장 좋습니다.

2

잘 먹겠습니다.

음식이 부족한 사태가 발생하지 않도록 넉넉히 준비

먼 곳으로 여행을 갔다 올 때 비행기나 열차에 문제가 생겨 귀가 시간이 늦어지기도 합니다. 따라서 집을 비우는 날수의 분량보다 더 넉넉한 양의 음식을 준비해두어야 합니다.

실내는 깨끗이 정돈
집을 비운 사이에 고양이는 전기 코드, 티슈 상자, 사료 봉투 등을 가지고 놀 수 있습니다. 이런 물건은 사고의 원인이 될 수 있으므로 치워두어야 합니다.

3

물도 충분히 준비

물은 밥보다 더 중요합니다. 엎질러지지 않도록 고정된 그릇에 담은 물을 여러 군데에 준비해놓습니다. 날씨가 더울 때는 물이나 음식이 부패하지 않도록 실내 온도를 조절해둡니다.

목이 마른데 집을 어떻게 지켜?

물 준비 시 신경 써야 할 점
날씨가 더운 시기에 물이 부족하면 탈수 증상이 나타납니다. 겨울철에는 그릇을 엎질러 몸이 물에 젖으면 감기에 걸릴 수 있습니다. 따라서 물이 엎질러지지 않도록 반드시 고정된 그릇을 사용합니다.

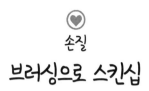

손질
브러싱으로 스킨십

고양이는 주기적으로 브러싱을 해줘 빠진 털을 제거해줘야 합니다. 봄과 가을의 털갈이 시기에는 장모종, 단모종을 가리지 않고 날마다 브러싱을 해줍니다.

브러싱으로 건강하게

방이 털 뭉치로 지저분해지는 것을 막기 위해서라도 브러싱이 필요합니다. 고양이는 스스로 그루밍을 하지만 페르시안처럼 코가 짧은 품종은 자신의 등을 스스로 그루밍 하지 못합니다. 털 뭉치가 생기면 피부염의 원인이 되기도 하고 털 뭉치를 삼켜 장폐색이 일어날 수도 있습니다.

브러싱은 피부에 적당한 자극을 주므로 혈액 순환을 개선하는 마사지 효과도 기대할 수 있습니다. 브러싱할 때 고양이 몸을 만지면서 질병을 일찍 발견할 수도 있습니다.

1

장모종은 매일, 단모종은 일주일에 한 번

장모종은 아무래도 몸에 이물질이 달라붙기 쉽고 털도 잘 엉킵니다. 털이 많이 빠지기도 하므로 브러싱을 매일 해주어야 합니다. 단모종은 일주일에 한 번 이상 브러싱을 해줍니다.

나의 예쁜 모습을 보라.

겨울에는 정전기에 주의

겨울철에는 브러싱을 할 때 정전기가 자주 발생합니다. 브러싱하기 전에 브러시를 물에 적셔 정전기를 방지합니다.

이중모 고양이는 더욱 꼼꼼하게 브러싱한다.

고양이털에는 이중모와 일중모가 있습니다. 이중모는 '겉털'과 '속털'로 이루어져 있습니다. 속털은 조밀하고 두껍습니다.

장모

단모

슬리커 브러시

빗

러버 브러시

얼굴 주변 브러싱

얼굴 주변은 예민하므로 빗으로 섬세하게 빗겨줍니다. 턱 아래는 얼굴에서 목을 향해, 뺨이나 이마는 중심에서 바깥을 향해 브러싱합니다.

2

품종에 따라 사용하는 브러시가 다르다.

털 길이에 따라 사용하는 브러시가 다릅니다. 슬리커 브러시는 엄지손가락과 집게손가락 사이에 끼워 털을 빗는 도구입니다. 끝이 뾰족하기 때문에 살살 빗겨주어야 합니다. 어떤 브러시를 사용하든 털의 결을 따라 목에서 엉덩이 방향으로 빗습니다. 등, 배, 얼굴 주변 순으로 브러싱합니다.

3

브러싱을 싫어하는 고양이는 차근차근

배, 꼬리, 발끝 등을 만지면 싫어하는 고양이가 많습니다. 고양이가 브러싱을 싫어한다면 한번에 하려들지 말고 일단 브러싱을 중단했다가 고양이의 기분을 살펴가며 차근차근 시도하는 편이 좋습니다. 브러싱을 하지 않으면 고양이가 털을 많이 삼켜 모구증(毛球症)이라는 위장 질병에 걸릴 수도 있습니다.

너무 심하게 하면 싫다고.

새끼 고양이 때부터 익숙해지도록 한다.

새끼 고양이 때부터 브러싱에 익숙하면 커서도 브러싱을 싫어하지 않습니다. 누운 자세로 배를 브러싱하는 것을 싫어하는 고양이는 엎드린 자세를 취하게 해 배의 피부를 잡아당겨 브러싱합니다.

손질

힘들더라도 양치질을 매일 해준다

치석이 쌓여 잇몸병에 걸리면 치아가 빠질 뿐 아니라 심장이나 신장의 건강에도 악영향을
끼칩니다.

근질근질하군.

건강하려면 양치질은 필수

고양이는 충치가 잘 생기며, 치석이 쌓이면 잇몸병에 걸리기도 합니다. 치석의 세균
이 잇몸을 통해 온몸에 퍼지면 심장이나 신장에 문제를 일으키기도 합니다. 치석은
양치질로 제거하기 어렵기 때문에 치석이 생기기 전부터 양치질을 부지런히 해주어야
합니다.

치석을 방지하려면 하루에 한 번, 적어도 사흘에 한 번은 양치질을 해줄 필요가 있습
니다. 습식 사료를 먹으면 치석이 잘 발생하므로 가능하면 양치질을 매일 해주는 것
이 좋습니다.

1

칫솔이나 거즈를 사용한다.

칫솔은 고양이용 칫솔을 써도 좋고 사람의 유아용 칫솔처럼 머리 부분이 작은 칫솔을 사용해도 괜찮습니다. 고양이용 치약 중에는 고양이가 좋아할 만한 해산물 맛이 나는 제품도 있으므로 가능하면 고양이용 치약을 사용합니다.

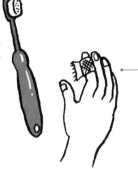

칫솔을 질색한다면?
칫솔 대신에 거즈를 사용합니다. 이때에도 가능하면 고양이용 치약을 사용합니다. 치약마저 싫어하는 고양이라면 물에 적신 거즈를 손가락에 말고 치아 표면을 문지릅니다.

2

고양이 뒤에서 닦는다.

정면에서 닦으려고 하면 고양이가 경계합니다. 그러므로 고양이 뒤에서 치아를 닦아줍니다. 고양이를 무릎이나 탁자에 올려놓으면 칫솔질하기가 더 쉽습니다.

칫솔질 방법
억지로 입을 벌릴 필요는 없습니다. 입꼬리 부분으로 칫솔을 밀어 넣고 치아와 잇몸 사이에서 칫솔을 작게 움직입니다.

치석아, 물럿거라.

칫솔질을 싫어하는 고양이는?
오늘 오른쪽 어금니를 닦았다면 내일은 왼쪽 어금니를 닦는 방식으로 한 번에 조금씩 닦아 짧은 시간에 칫솔질을 끝냅니다.

어금니

3

어금니는 꼼꼼하게

닦아야 할 치아는 송곳니와 어금니입니다. 어금니의 칫솔질은 매우 중요합니다. 위쪽 어금니가 가장 지저분해지기 쉽습니다. 고양이가 입을 벌리는 것을 싫어하지 않으면 위쪽 어금니를 특별히 꼼꼼하게 닦아줍시다. 치석이 생기면 동물병원에 가서 인간의 치과 치료와 마찬가지로 치석을 초음파로 제거해야 합니다. 치석이 심하면 전신 마취가 필요합니다. 사실 치석이 생긴 상태 자체가 고양이의 몸에 큰 부담을 줍니다. 마취를 하지 않고 치석을 제거하는 반려동물 가게도 있지만 수의사가 시술하는 것이 아닌 데다 매우 고통스럽기 때문에 추천하지 않습니다.

손질

발톱을 너무 바싹 깎지 않는다

고양이가 발톱 갈기를 한다고 해서 발톱이 자라지 않는 것이 아닙니다. 생각지 못한 부상을 예방하려면 발톱을 정기적으로 깎아줍니다.

발톱 깎기를 습관화한다.

발톱은 정기적으로 잘라줘야 합니다. 고양이가 발톱 갈기를 하는 이유는 발톱을 뾰족하게 만들려는 목적이지 짧게 깎으려는 것이 아닙니다. 따라서 발톱을 그대로 두면 감당하지 못할 만큼 자라버립니다. 길게 자란 발톱이 어딘가에 걸리면 아픔을 느끼고, 특히 커튼이나 카펫에 걸려 고양이가 부상을 당할 가능성도 있습니다.

발톱은 제법 뾰족해졌다고 생각할 때 깎으면 됩니다. 최소 한 달에 한 번 정도는 깎아줘야 합니다. 발끝은 민감한 부위입니다. 고양이가 발톱 깎기를 싫어한다면 발톱을 한 번에 하나씩 깎는 것이 좋습니다. 발톱을 깎고 나서는 칭찬을 하며 상을 주는 것도 좋습니다.

1

발톱깎이로는 가위형을 추천

고양이용으로 나와 있는 발톱깎이를 사용해야 합니다. 발톱깎이에는 기요틴형과 가위형이 있는데 사용하기 편리한 것으로 가위형을 추천합니다.

억지로 누르지 않는다.

발톱을 깎을 때 고양이를 억지로 누르지 않도록 주의합니다. 힘으로 누른 채 발톱을 깎으면 발톱 깎는 일이 고양이에게 '나쁜 기억'으로 남아 이후에 고양이가 발톱 깎기를 거부합니다.

도와주는 사람이 있을 때는?

한 사람이 고양이의 다리를 잡고 다른 사람이 발톱을 깎습니다. 고양이를 누르는 힘이 너무 강하면 고양이가 난폭하게 굴 수도 있습니다.

2

탁자에 고양이를 올려놓으면 깎기 편하다.

고양이가 바닥에 있는 상태로 발톱을 깎으려 하면 사람이 몸을 웅크려야 해서 깎기가 쉽지 않습니다. 하지만 고양이를 탁자에 올려놓으면 편한 자세로 깎을 수 있습니다. 탁자 위에서 고양이가 떨어지지 않도록 주의합니다.

살살 해.

3

노묘는 발톱을 깎지 않으면 발톱이 육구를 찌르기도 한다.

나이가 들수록 발톱이 두꺼워지고, 발톱이 자라면서 끝이 둥그스름해집니다. 발톱을 자르지 않고 계속 놔두면 둥그스름해진 발톱이 육구를 찔러 고양이가 걷지 못하게 될 수도 있으니 주의해야 합니다.

바싹 깎지 않도록 주의

혈관이 지나는 분홍색 부분은 깎지 않도록 주의합니다. 그 앞쪽의 하얀색 부분만 깎아야 합니다. 피가 나면 거즈로 지혈합니다.

이곳을 자른다

혈관과 신경계

아프게 하지 마.

목욕은 한 달에 한 번

목욕을 시키기 전에 고양이의 몸 상태가 나쁘지 않은지, 열은 없는지, 고양이의 발톱과 사람의 손톱이 길지 않은지, 열린 창문이나 문으로 고양이가 도망칠 우려는 없는지 등을 확인합니다.

고양이는 물을 꺼린다.

고양이는 물에 젖는 것을 싫어합니다. 집고양이의 선조인 리비아고양이가 사막 지대에 서식하면서 물에 젖는 일이 없었기 때문으로 여겨집니다.

고양이는 그루밍(p.56)을 해서 자신의 몸을 청결하게 유지합니다. 실내 사육으로 생활하는 고양이는 몸이 지저분해지는 일이 적고, 목욕도 기본적으로 필요 없습니다. 다만 장모종은 예외입니다. 장모종은 스스로 그루밍을 하기는 하지만 피부까지 혀가 닿지 않는 경우가 많고 이물질도 잘 달라붙으며 털도 잘 엉킵니다. 따라서 장모종의 피부나 털을 건강하게 유지하려면 한 달에 한 번쯤 물로 씻어줍니다.

1

단모종은 불필요, 장모종은 한 달에 한 번

혼자서 할 수 있는걸

평소에 브러싱을 게을리하지 않는 단모종은 기본적으로 목욕을 하지 않아도 됩니다. 하지만 아무래도 이물질이 신경 쓰인다면 가끔 목욕을 시켜도 괜찮습니다. 땀을 분비하는 땀샘이 적은 것도 목욕이 불필요한 이유입니다. 반면에 장모종은 한 달에 한 번 목욕해야 합니다. 목욕을 하면 털도 가지런해집니다.

단모종도 따뜻한 수건으로

단모종도 얼굴만큼은 스스로 할 수 없습니다. 하지만 손을 먼저 핥은 후 그 손으로 얼굴을 닦기 때문에 얼굴도 어느 정도 청결을 유지할 수 있습니다.

물은 질색이라고.

목욕 순서

① 브러싱을 한다.
② 몸을 적신다. 물의 온도는 약 38도가 적당.
③ 고양이용 샴푸로 고양이를 씻긴다. 꼬리와 엉덩이도 빠뜨리지 말 것.
④ 얼굴과 턱에는 샤워기를 대지 말고, 샴푸가 묻은 스펀지로 씻는다.
⑤ 샴푸를 깨끗이 씻어낸다.
⑥ 수건으로 물기를 닦아낸다.
⑦ 브러싱하면서 드라이어로 말린다. 한 부분에 바람이 오래 머물지 않도록 주의한다.
①을 하기 전에 털이나 피부에서 이상을 발견하면 목욕을 삼간다.

2

목욕을 싫어하는 고양이는 따뜻한 물에 적신 수건으로 닦아준다.

억지로 씻기려고 하면 고양이는 스트레스를 받습니다. 따뜻한 물에 적신 수건으로 온몸을 가볍게 닦아내는 방법도 있습니다.

목욕을 하기 전에 브러싱을 한다.

빠진 털을 브러싱으로 제거할 때 털이나 피부에서 이상을 발견하면 목욕을 삼갑니다. 그리고 동물병원에 데려가서 치료할 필요성이 있는지, 목욕을 해도 좋은지 상담합니다. 피부병 치료용 샴푸도 있습니다.

3

반려동물 가게에 맡겨도 좋다.

고양이가 젖은 수건으로 닦는 것마저 싫어해 무척 지저분하다면 집에서 무리하게 목욕을 시키기보다는 반려동물 가게에 의뢰하는 편이 좋습니다.

새끼 고양이의 목욕

털이 잘 마르지 않는 것도 고양이가 물을 싫어하는 이유입니다. 목욕은 고양이에게 부담을 주므로 체력이 어느 정도 발달한 생후 7개월경부터 시작합니다.

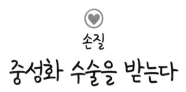

손질

중성화 수술을 받는다

중성화 수술을 받은 고양이는 이성을 유혹할 필요가 없으므로 마킹이 줄고 온순해집니다.

집 안에서만 얌전한 나.

문제 행동도 줄어든다.

수컷은 다른 고양이와 영역 다툼을 벌이기 때문에 공격적인 행동을 자주 보이지만 사람에게만큼은 어리광을 잘 부립니다. 그 이유는 아직까지 명확히 밝혀지지 않았습니다. 생후 6개월쯤에 중성화 수술을 받으면 다른 고양이를 향한 공격 행동과 마킹이 눈에 띄게 줄어듭니다. 사람을 대하는 태도는 거의 달라지지 않습니다.

중성화 수술은 생식기관의 질병을 막는 장점도 있습니다. 한편 중성화 수술 후에는 호르몬 균형이 바뀌면서 대사 기능이 떨어지기 때문에 살이 쉽게 찔 수 있습니다. 이 때는 몸의 변화에 맞춰 식사량을 조절해야 합니다. 또한 중성화 수술을 받을 즈음에 사료를 새끼 고양이용에서 성묘용으로 바꾸는 것을 추천합니다.

1

생후 6개월쯤에
수술 받기를 추천한다.

중성화 수술을 하는 시기로는 첫
발정기(성성숙)를 맞이하기 전인
생후 6개월경을 추천합니다. 성
행동이나 마킹을 시작하기 전이
므로 소변 스프레이를 방지할 수
있습니다.

6개월

중성화 수술이 허용되는 기준
중성화 수술이나 피임 수술이 허용되는 기
준은 생후 6개월 이후, 몸무게 2.5킬로그램
이상입니다. 너무 작은 고양이는 체력이 따
라주지 않아 수술이 주는 부담을 견딜 수 없
습니다.

남자다워?

수컷의 발정
수컷의 발정 행동은 정확히 '발정'이라고 할 수
없습니다. 수컷은 암컷의 발정에 넘어가 성 행
동을 취합니다. 발정의 신호는 스프레이 행동,
굵고 날카로운 소리로 울기, 생식기 문지르기
등입니다.

2

3세쯤에 수술을 하면 가로로 긴
얼굴을 유지한다.

가로로 긴 얼굴은 수컷 고양이의 특징입
니다. 이런 얼굴을 좋아하는 사람도 있
습니다. 중성화 수술을 하지 않은 수컷
은 3세쯤 되면 뺨이 커지면서 얼굴이 가
로로 길어지고 체격도 탄탄해집니다. 이
즈음에 중성화 수술을 하면 남자답게 가
로로 긴 얼굴을 유지합니다.

3

중성화 수술을 이해한다.

중성화 수술은 전신 마취를 하고 받
아야 하는 외과 수술이므로 마취 후
유증이 생기거나 몸 상태가 급변할
위험이 있습니다. 사전에 동물병원
에서 상세한 설명을 듣고 난 후 수
술을 결정해야 합니다.

수술 과정
수술 1, 2주 전에 수술을 받을 수 있는 상태
인지, 질병이 없는지 등을 검사합니다. 수술
중에 구토 때문에 숨이 막히지 않도록 수술
전날에는 굶어야 합니다. 수컷은 약 15분 만
에 수술이 끝나고 곧바로 귀가할 수 있습니
다. 암컷은 약 30분 만에 수술이 끝나며 하
루나 이틀 입원하기도 합니다. 일주일 후에
는 수술 부위의 실밥을 뽑습니다.

누가 살쪘다는 거야?

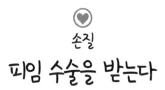

피임 수술을 받는다

암컷은 교미하면 거의 100퍼센트 임신합니다. 번식할 필요가 없다면 피임 수술을 반드시 받아야 합니다.

집 밖에서만 얌전한 나.

질병에 걸릴 위험이 대폭 줄어들고 오래 산다.

암컷은 영역에 덜 집착하기 때문에 수컷에 비해 다른 고양이를 공격하는 행동이나 마킹이 적은 편입니다. 일반적으로 암컷은 남들을 향한 경계심이 수컷보다 강합니다. 주인에게조차 어리광을 부리지 않기도 합니다. 이런 성격이 피임 수술을 한다고 해서 바뀌지는 않습니다.

피임 수술은 발정 행동을 하지 않게 만들 뿐 아니라 난소와 자궁이 질병에 걸리지 않도록 해주며 유방암의 발병 가능성도 낮춰줍니다. 그러나 생식과 관련된 대사 기능이 줄어드는 만큼 살찌기 쉬운 체질로 바뀌므로 식사량을 조절해야 합니다.

1

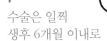

수술은 일찍
생후 6개월 이내로

피임 수술은 첫 발정이 시작되기
전에 받아야 유방암의 위험성을
줄일 수 있다고 합니다. 따라서
생후 6개월 이내에 일찌감치 수술
을 받는 것이 좋습니다.

피임 수술을 이해한다.
피임 수술로 난소와 자궁을 적출합니
다. 수술의 과정은 중성화 수술과 다
르지 않습니다. 비용은 중성화 수술이
1~3만 엔인데 비해 피임 수술은 2~5만
엔으로 약간 비쌉니다.(한국도 비슷한
수준이다.-옮긴이)

2

얼굴 생김새의 변화는 적다.

암컷은 피임 수술을 받는 시기가 어떻든
얼굴 생김새가 달라지지 않습니다. 그러
나 수술 후에는 발정 등 생식과 관련된 에
너지 소모가 없으므로 몸과 마음의 부담이
줄어듭니다. 또한 수컷과 마찬가지로 수술
후에는 살이 잘 찝니다.

수술을 받게 하는 것이 안쓰러운가?
'교미를 할 수 없게 되다니 불쌍해.'라고 생각하는 사람도
있을 것입니다. 그러나 고양이는 수술하지 않으면 발정기
때마다 이성을 유혹해야 합니다. 발정기인데도 곁에 수컷
이 없는 환경이 더 안쓰럽습니다.

3

발정기에 수술하면
위험성이 크다.

발정기에는 자궁이 부어 있습
니다. 평상시보다 큰 자궁을
적출하는 일은 매우 위험합니
다. 따라서 피임 수술은 발정
이 끝난 후에 받도록 합니다.

임신은 계획적으로
발정기는 주기적으로 찾아옵니다. 피
임 수술을 받지 않겠다고 결정했다면
좋은 상대를 찾고 계획적으로 임신 시
기를 정합니다. 1~6세가 임신하기에
적당한 시기입니다. 또한 임신과 출산
은 목숨이 걸린 중대한 사건이므로 모
체가 감당할 부담을 생각하면 고령 출
산은 피하는 편이 좋습니다.

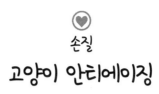

손질
고양이 안티에이징

식사와 개호로 고양이의 노화를 늦춘다.

7세부터 시작한다.

사랑하는 고양이가 언제까지나 발랄하고 건강하게 지내주기를 바라는 마음은 주인이라면 누구나 갖고 있을 것입니다. 신체의 노쇠를 막을 수는 없지만 늦추는 것은 가능합니다.

일단 고양이의 나이에 맞는 양질의 식사를 줍니다. 그리고 떨어진 체력을 고려해 적절한 운동을 시키고 친밀한 커뮤니케이션에도 신경 써야 합니다. 젊은 시절에 자주시키는 점프 운동은 나이가 들면 바닥에서 장난감을 활용하는 놀이로 바꿔야 합니다. 생활환경을 정비해 스트레스를 덜 받게 하는 노력도 중요합니다. 안티에이징을 위해해야 할 일은 사람이나 고양이나 별반 다르지 않습니다.

1

커뮤니케이션도 수명에 영향을 끼친다.

고양이와 대화를 나누는 일도 안티에이징 가운데 하나입니다. 고양이의 몸짓으로 몸 상태를 알아차릴 수 있고, 질병을 조기에 발견할 수도 있습니다.

고양이의 기분을 읽어낸다.
고양이의 감정 표현은 소극적으로 보입니다. 하지만 고양이는 몸짓이나 울음소리, 행동으로 주인에게 자신의 기분을 전달합니다. 애정과 친근감을 갖고 고양이의 기분을 읽어내도록 노력합시다.

힘을 너무 주지 않도록 주의
마사지를 할 때 힘을 너무 많이 주면 고양이에게 상처를 입힐 수 있습니다. 고양이가 싫어하는 기미를 보이면 힘을 살짝 빼야 합니다. 고양이가 기분 좋아 하는 부위를 적절한 강도로 자극합니다.

2

고양이가 기분 좋아 하면 마사지도 효과적

마사지로 혈액 순환을 좋게 해 산소와 영양을 온몸 구석구석까지 퍼지게 합니다. 고양이의 기분을 좋게 하고 마음을 안정시키는 효과가 있습니다.

여기가 천국이로세.

3

운동하지 않는 고양이는 근력이 떨어지기 십상

2, 3세쯤부터 활동량이 줄어들기 때문에 근력도 떨어지고 쉽게 살찝니다. 마음에 들어 하는 장난감을 갖고 놀도록 배려합니다.

상하 운동보다는 좌우 운동을
근력이 쇠퇴한 노묘는 넘어지는 사고를 당하기 쉽습니다. 상하 운동을 피하고 바닥에서 할 수 있는 놀이로 놀아줍니다.

이 정도도 못할쏘냐.

COLUMN 3.

재해로부터
고양이를 지키려면

최근 지진이나 홍수 등 대규모 재해가 자주 일어나고 있습니다. 만약의 사태가 일어났을 때 사랑하는 고양이를 지킬 수 있으려면 평소에 대비해두어야 합니다. 재해가 일어나면 패닉 상태에 빠진 고양이가 좁은 곳으로 숨어들기도 합니다. 동일본 대지진이 일어났을 때 이런 경험을 한 주인 중에는 고양이를 좁은 곳에서 얼른 꺼내는 훈련을 꾸준히 하는 사람도 있습니다. 지진 경보를 일부러 울린 후 깜짝 놀라 좁은 곳에 숨어든 고양이에게 간식을 보여주면서 불러내는 훈련입니다. 피난 생활을 상정해 캐리어에 들어가는 훈련, 다른 사람을 무서워하지 않도록 하는 훈련 등도 중요합니다.

비축 물자도 준비해야 합니다. 일본 환경성에서 발표한 '반려동물 재해 대책'에 따르면 비축 물자의 우선순위 1위는 영양식·약·사료·물 닷새분 이상, 예비 목줄, 식기, 검 테이프입니다. 2위는 주인의 연락처, 고양이 사진, 백신 접종 상황표, 건강 상태표, 자주 가는 동물병원의 연락처입니다. 3위는 침구, 배설물 처리 용구, 화장실 용품(고양이가 좋아하는 화장실 모래 등), 수건, 브러시, 장난감, 그물 세탁망 등입니다. 즉각 들고 나가기 쉬운 장소에 이런 물자를 모아둡니다. 그 외에 평소의 건강관리 방법을 정리해두고, 고양이에게 이름표와 마이크로칩을 장착하며, 고양이의 상태를 가족과 공유하는 일도 중요합니다.

제4장

고양이가 좋아하는 스킨십

싫어하는 행동을
안 하는 사람을 좋아한다

고양이는 느긋하게 낮잠 잘 수 있는 공간을 좋아합니다. 커다란 소음을 내거나 동작을 크게 취하는 사람이 있으면 불안해합니다.

목소리가
내 취향이야……

고양이가 좋아하는 거리감을 아는 것이 중요

고양이를 키우는 사람이라면 누구나 고양이에게 사랑받고 싶어합니다. 하지만 자신도 모르는 사이에 고양이에게 미움 받을 만한 행동을 하고 있는지도 모릅니다.

고양이를 끌어안고 뺨을 부비거나 아무 이유 없이 고양이의 이름을 부르거나 갑자기 큰 소리를 지르거나 고양이를 집요하게 만지는 행동은 고양이가 매우 싫어합니다. 고양이는 몸을 자유롭게 움직일 수 없게 하거나 깜짝 놀라게 하면 불안해지기 때문입니다.

반대로 여유로운 동작으로 고양이를 놀라게 하지 않고 다정하게 말을 걸어주는 사람은 고양이의 취향에 맞습니다.

1

고양이는 여성을 좋아한다?

고양이의 성별과 인간의 성별 사이에 어떤 조합이 잘 어울리는지는 확실히 밝혀진 바가 없습니다. 다만 남성은 고양이가 싫어할 만한 큰 목소리를 내거나 큰 동작을 취하는 경우가 많으므로 조심해야 합니다.

꼬락이로구나.

고양이가 편안하게 느끼는 언행

고양이는 온화한 말투를 쓰면서 맑고 높은 목소리로 이야기하고 행동에 여유로움이 묻어나는 여성을 남성보다 더 좋아하는 듯합니다. 하지만 남성이라도 고양이의 자유를 지켜주는 사람이라면 고양이에게 사랑받을 수 있습니다.

2

고양이와 시선을 맞춘다.

뭐야?

고양이에게 말을 걸거나 고양이를 만지려면 몸을 웅크려 고양이와 시선을 맞춥니다. 사람이 위에서 고양이를 내려다보는 것은 고양이의 입장에서는 매우 공포스러운 일입니다. 고양이의 시선은 사람보다 몇 배나 낮은 위치에 있으므로 몸을 낮추는 일은 당연합니다.

이런 것도 싫어한다.

고양이는 식사 중이나 그루밍 중에 만지는 것을 싫어합니다. 차분한 시간을 방해받기 때문입니다.

3

고양이의 성격에 맞춘다.

사람에게 관심 받는 것을 좋아하는 고양이가 있는 반면 간섭받는 것을 싫어하고 고독을 좋아하는 고양이도 있습니다. 고양이를 쓰다듬을 때의 반응이나 평소 행동을 관찰해 함께 살고 있는 고양이가 어떤 성격인지 파악한 후 그 성격에 맞춰주는 것이 좋습니다.

날 좀 내버려둬.

사람이 쓰다듬은 부위를 곧바로 핥는다.

사람이 쓰다듬은 부위를 곧바로 핥는 행동은 자신을 가만히 내버려두라는 뜻입니다. 할짝할짝 핥아서 그 사람의 냄새를 얼른 지워버리고 싶다는 표현입니다.

고양이의 성격을 이해한다

고양이의 성격을 파악하는 일은 어렵습니다. 꼬리를 흔들거나 귀를 수평으로 눕히는 등
기분을 드러내는 신호를 단서 삼아 고양이의 성격을 파악해봅시다.

혼자서도 살 수 있다고.

인간 못지않게 개성이 풍부한 성격

고양잇과 동물은 스스로 사냥할 수 있는 능력을 지녔기 때문에 무리를 짓지 않고 단독
으로 생활합니다. 이렇듯 선조로부터 단독 행동의 습성을 물려받은 고양이는 남에게
협조하는 경우가 매우 드뭅니다.

하지만 고양이도 상대를 배려하는 행동을 할 때가 있습니다. 예를 들어 자신이 잡은
사냥감을 주인에게 가져오는 행동은 사냥조차 못하는 굼뜬 주인을 배려하는 마음이라
볼 수 있습니다. 새끼 고양이에게 사냥 훈련을 시키려는 어미 고양이의 마음과 똑같
은지도 모릅니다.

1

활발한 품종, 얌전한 품종

아비시니안이나 러시안 블루 같은 호리호리한 단모종은 활발합니다. 페르시안이나 메인 쿤 같은 장모종은 얌전한 성향입니다.

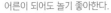

어른이 되어도 놀기 좋아한다.

활발하고 장난을 잘 치는 아비시니안은 운동신경이 발달해 어른이 되어도 노는 걸 좋아합니다.

기운 차려.

기운이 넘친다니까.

2

새끼 고양이 때는 가능하면 어미·형제와 지내는 것이 좋다.

생후 3~7주는 고양이의 전 생애에서 가장 많은 것을 학습할 수 있는 시기입니다. 이 시기에 새끼 고양이는 어미·형제와 지내면서 다양한 것들을 배웁니다. 따라서 주인의 집에는 8주 이후에 데려오는 것이 좋습니다.

갓 태어난 새끼 고양이를 데려와서는 안 된다.

새끼 고양이에게 사회성을 심어주기 위해 생후 8주가 될 때까지 고양이 분양을 미루는 것이 좋습니다.

아직은 여기에 있게 해줘

3

부모의 영향을 받는다?

고양이는 아비로부터 공격성을 이어받고 어미에게서는 임신 중 환경에서 생긴 정신적 스트레스의 영향을 받는다는 설이 있습니다.

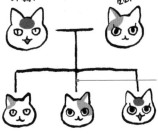

아빠

엄마

아이들

새끼 고양이가 태어나면?

새끼 고양이가 태어나면 어미 고양이는 물론 주인까지 새끼 고양이에게만 매달리기 마련입니다. 여러 마리를 동시에 키우는 집에서는 다른 고양이가 질투를 느끼고 새끼 고양이를 공격하거나 새끼 고양이 돌보는 일을 방해하기도 합니다. 새끼 고양이가 태어나더라도 다른 고양이와 이전과 변함없이 놀아주는 것을 잊어서는 안 됩니다.

고양이가 좋아하는 놀이

고양이와 놀아주는 시간은 한 번에 5~15분 정도가 좋습니다. 1~2세의 젊은 고양이는 날마다 놀아주어야 합니다. 그 후로 10세까지는 자주 놀아줍시다.

함께 놀면서 근력을 유지한다.

놀이는 매우 중요합니다. 고양이와 함께 놀면서 고양이의 운동 부족을 해소하고 커뮤니케이션합니다.

노는 방법은 고양이의 나이에 따라 다릅니다. 고양이가 젊을 때는 무조건 많이 놀아주는 것이 좋습니다. 놀이가 정신과 신체를 단련하고 건강한 성장을 돕기 때문입니다. 나이가 들면 젊었을 때에 비해 놀이에 흥미를 보이지 않습니다. 하지만 근력이 쇠퇴하는 것을 막으려면 너무 무리하지 않는 범위 내에서 놀이를 지속해야 합니다. 고양이의 나이에 맞는 장난감이나 노는 방법 등을 고민해봅시다.

1

점프 운동을 한다.

고양이는 사냥 본능을 자극하는 놀이를 좋아합니다. 고양이의 눈앞에서 장난감을 흔들면서 위로 뛰어오르도록 하는 놀이가 좋습니다. 이때 고양이의 사냥감과 비슷한 모양의 장난감을 고르는 것이 비결입니다. 장난감을 잘 찾지 못하게 숨기거나 일부러 움직임을 멈추는 등 고양이가 마음에 들어 할 만한 설정으로 놀아줍니다.

뛰어올라, 뛰어올라.

장난감은 사냥감

끈이 달린 인형이나 강아지풀로 고양이의 사냥감인 쥐, 벌레, 새의 움직임을 흉내 냅니다. 또한 공을 힘껏 굴리면 고양이는 그 공에 덤벼듭니다. 어떤 방법으로든 일정하고 규칙적인 움직임이 아니라 갑자기 움직이거나 갑자기 멈추는 등 사냥감의 움직임을 재현하는 것이 관건입니다.

빛으로 논다.

거울로 빛을 반사시키거나 손전등 혹은 레이저 포인터를 이리저리 흔들면서 움직이는 불빛을 잡도록 하는 놀이도 좋습니다. 벽이나 바닥에 반사되는 빛을 보면 고양이는 활발히 반응합니다. 다만 놀이에 너무 열중해 다칠 수 있으므로 주변에 있는 물건을 안전한 곳으로 치워둡니다. 또한 레이저 포인터의 불빛이 고양이의 눈을 향하면 위험합니다. 고양이에게 불빛이 직접 닿지 않도록 해야 합니다.

여기다! 여기야!

2

새로운 장난감으로 자극을 준다.

똑같은 장난감으로만 놀면 이내 질려서 흥미를 잃어버립니다. 새 장난감을 준비해 새로운 자극을 줍니다.

이렇게 놀면 안 된다.

고양이는 자기 위주로 노는 동물입니다. 고양이가 놀이에 흥미를 잃어버렸는데도 놀이를 집요하게 강요해서는 안 됩니다. 주인이 다른 일을 하면서 동시에 고양이와 놀아주는 것도 금물입니다. 고양이의 상황을 알아차리지 못해 뜻밖의 사고로 이어질 수 있기 때문입니다.

3

장난감을 삼키지 않도록 조심한다.

부드럽고 잘 씹히는 물건이나 작은 물건은 쉽게 삼킬 수 있으므로 조심해야 합니다. 어떤 장난감이든 다 놀고 나서 그대로 방치해서는 안 됩니다.

몸을 쓰다듬으면서
위안을 주고받는다

고양이를 쓰다듬다가 갑자기 물리는 일이 있습니다. 고양이가 짜증을 내고 있다는 신호이므로 그만 쓰다듬는 것이 좋습니다.

아, 끼기, 끼기.

고양이와의 커뮤니케이션을 즐긴다.

고양이의 몸을 쓰다듬어주는 것은 스킨십의 역할을 할 뿐 아니라 몸에 부종이 없는지, 탈모가 없는지 등을 확인해 질병을 일찍 발견할 수 있게 도와줍니다. 고양이를 쓰다듬어주면 고양이는 물론 주인도 위안을 받는 행복한 시간을 가질 수 있습니다. 자신의 고양이가 어느 부위를 쓰다듬어주면 좋아하는지, 어느 부위는 싫어하는지 알아둘 필요가 있습니다.

또한 너무 집요하게 쓰다듬지 않는 것도 중요합니다. 고양이의 기분은 매 순간 바뀝니다. 쓰다듬는 것을 좋아하지 않는 고양이도 있습니다. 고양이의 상태를 살피면서 부드럽게 쓰다듬어줍니다.

1

고양이에게 '핥기'와 '쓰다듬기'는 같다.

고양이가 상대방과 서로 핥는 것은 친밀감의 표시입니다. 따라서 고양이의 혀 놀림과 비슷하게 쓰다듬어주면 고양이가 기뻐합니다. 손바닥보다는 손가락 지문이 있는 부분으로 부드럽게 쓰다듬어줍니다.

힐링 효과

스킨십은 고양이와 사람 양쪽의 마음을 평온하게 만들어줍니다. 날마다 서로 쓰다듬으면 신뢰도 쌓입니다.

간지러워.

2

앗, 위험

집요하게 쓰다듬지 않는다.

고양이를 쓰다듬고 있는 도중에 고양이가 꼬리를 좌우로 흔들기 시작하거나 귀를 뒤쪽으로 늘어뜨리는 행동은 '이제 그만해.'라는 신호입니다. 고양이가 싫어하기 전에 얼른 그만둬야 합니다.

흔한 실수

고양이가 그루밍을 하거나 식사를 하고 있을 때 고양이를 만져서는 안 됩니다. 고양이에게는 방해받고 싶지 않은 순간이기 때문입니다.

언제까지 쓰다듬을 작정이야?

3

좋아하는 부위와 싫어하는 부위

이제 잘 알겠어?

일반적으로 고양이는 얼굴, 목 주변 등을 만져주면 좋아합니다. 하지만 급소인 배를 비롯해 발끝, 꼬리를 만지면 싫어합니다. 대부분의 고양이에게 해당하는 사항이기 때문에 꼭 알아두기 바랍니다. 만져주면 좋아하는 부위를 찾아내 그곳을 중점적으로 쓰다듬어주면 좋습니다.

고양이에게 미움 받지 않도록

고양이는 큰 소리를 내지 않고 행동도 조심스러운 사람을 좋아합니다. 고양이마다 성격이 다르겠지만 어리광을 잘 부리고 귀여운 면모를 지닌 고양이가 스킨십을 좋아하는 경향을 보입니다.

Like♡

NG!

안기는 것을 좋아하게 만들려면?

인형을 안듯 고양이를 함부로 안는 것은 바람직하지 않습니다. 안기기를 싫어하는 고양이를 억지로 안으려 해서는 안 됩니다. 극성스럽게 안으려 하면 고양이는 안기기를 더 싫어합니다.

금방 끝내라고.

평생 안기기를 싫어하는 고양이도 있다.

안기기를 좋아하는 고양이는 드뭅니다. 기본적으로 고양이는 사람에게 안기는 것을 싫어합니다. 사람에게 안겨 옴짝달싹하지 못하면 위험한 일이 생겼을 때 곧바로 행동할 수 없기 때문입니다. 또한 잘못된 방법으로 안는 탓에 안기기를 싫어할 수도 있습니다. 고양이가 다가오면 고양이의 몸이 안정되도록 하반신을 받치고 안아줍니다. 고양이와 몸을 밀착해서 쓰다듬어주면 고양이의 혈압과 심박 수가 안정된다고 합니다. 칫솔질을 해주거나 발톱을 깎아줄 때에도 자주 취해야 하는 자세이므로 익숙해지면 좋습니다.

1

고양이를 안기 전에 말을 건다.

고양이가 다가왔다고 해서 갑자기 안아 올리면 고양이는 놀라서 발버둥을 칩니다. 이때 실수로 떨어뜨릴 수도 있으니 조심해야 합니다. 고양이를 안기 전에 이름을 먼저 불러 고양이의 주의를 환기시키는 것이 좋습니다. 고양이를 안을 때마다 이름을 부르면 고양이도 '아, 이제 안기겠구나' 하고 인식할 수 있습니다. 안기기를 좋아하는 고양이는 이름이 불리면 기뻐할지도 모릅니다.

나 불렀어?

안기기를 싫어하는 고양이는 조금씩 익숙해지게 만든다.

안기기를 싫어하는 고양이는 일단 무릎 위에 올려놓는 것부터 시작합니다. 장난감으로 유혹해 고양이를 무릎 위에 올려놓기를 성공하면 살며시 안고 들어 올립니다. 안기기를 싫어하는 고양이를 선 채로 안으면 고양이가 발버둥을 쳐서 넘어질 수 있습니다. 따라서 고양이를 안을 때는 앉은 자세로 안아야 합니다.

꽉 안으면 안 돼.

2

감싸듯이 안는다.

고양이의 양 옆구리에 손을 넣어 들어 올린 후 얼른 한손으로 허리 아래를 받칩니다. 고양이의 몸을 감싸듯이 안으면 안정된 자세가 나옵니다. 너무 세게 안지 않도록 조심합니다.

몸을 밀착시키는 것이 비결
고양이의 몸을 안을 때는 고양이와 내 몸 사이에 틈을 만들지 않아야 합니다. 몸을 밀착하면 고양이도 편안함을 느낍니다.

3

목을 잡거나 상반신만 안는 것은 잘못된 방법이다.

목을 잡고 안아 올리는 방법은 떨어질 위험이 있습니다. 고양이의 양 옆구리에 손을 넣어 상반신만 잡고 안는 방법도 불안정한 자세이므로 고양이의 몸에 부담을 줍니다.

당장 내려.

'그만두라'라는 신호를 알아차린다.
제대로 된 방법으로 안아도 고양이는 금방 질립니다. 꼬리를 좌우로 흔드는 신호를 보이면 살며시 내려놓도록 합시다.

다정하게 부른다

고양이는 사람의 목소리를 모음으로 구별합니다. 고양이를 부를 때는 이름을 짧게 부르는 것이 효과적입니다. 너무 큰 소리로 부르면 고양이가 놀랄 수 있습니다.

고양이는 사람의 목소리를 잘 구별하지 못한다.

사람은 언어로 의사소통을 하지만 고양이에게는 사람의 언어가 통하지 않습니다. 그러면 사람의 목소리는 고양이에게 어떤 식으로 들릴까요?

고양이는 자음을 잘 구별하지 못한다고 합니다. 모음만 알아듣고 자신을 부르는 목소리의 종류를 판단하는 것으로 보입니다. 그러므로 '키키'와 '지지'처럼 같은 모음의 말을 구별할 수 없습니다. 여러 마리의 고양이를 함께 키울 때는 모음이 다른 이름을 각각 지어주는 것이 좋습니다.

1
짧은 이름이 기억하기 쉽다.

복잡하고 긴 이름은 사람이나 고양이나 기억하기 어렵습니다. 기억하기 쉽고 잘 알아들을 수 있는 짧은 이름을 지어주면 좋습니다.

짧은 이름이 인기

가장 많이 사용되는 고양이의 이름은 무엇일까요? 2015년의 조사에 따르면 일본에서 1위는 '소라', 2위는 '레오', 3위는 '모모'였습니다. 역시 짧은 이름이 인기인 듯합니다(애니컴 손해보험, 2015년 2월 조사).

2

뭐, 뭐야?

큰 목소리를 삼간다.

너무 큰 목소리로 고양이를 부르면 고양이가 놀랄 수 있습니다. 높은 목소리로 다정하게 부르는 것이 좋습니다.

고양이가 싫어하는 것을 알아둔다.

고양이는 갑자기 움직이는 것과 큰 소리를 싫어합니다. 아무 이유 없이 고양이의 이름을 여러 번 부르는 것도 고양이에게 민폐입니다.

3
수시로 말을 걸어 마음을 나눈다.

사람의 말을 알아듣지 못하지만 주인이 자신에게 말을 걸어준다는 것은 고양이 입장에서 기쁜 일입니다. 마음을 나누려면 고양이에게 말을 자주 걸어줍니다.

낯가림을 하는 고양이도 있다.

사람에게 좀처럼 익숙해지지 못하는 고양이도 있습니다. 생후 3~7주 사이에 사회성을 익히는데 그 시기에 사람에게 익숙해지지 않으면 이후에도 낯가림을 합니다. 사람과 어느 정도 접촉했는데도 낯가림이 사라지지 않는다면 그 고양이의 개성이라고 생각하고 단념할 수밖에 없습니다.

밥이 뭐 어쨌다고?

육구를 만질 때

육구 사이에 난 털은 단모종이라면 그냥 내버려둬도 문제가 없습니다. 하지만 장모종이라면 바닥에서 미끄러질 수 있으므로 잘라주어야 마음을 놓을 수 있습니다.

육구는 몸에서 유일하게 땀을 흘리는 부분

고양이 발바닥에 있는 육구는 부드럽고 탄력적입니다. 그 감촉을 좋아하는 주인도 많습니다. 육구는 미끄러짐을 막는 기능을 하므로 털이 없습니다. 육구는 쿠션 역할도 하기 때문에 높은 곳에서 떨어지다 착지할 때 충격을 완화합니다. 또한 육구는 발소리를 내지 않고 사냥감에게 살금살금 다가갈 때에도 도움이 됩니다.

고양이에게 발끝은 민감한 부위입니다. 마사지를 겸해 육구를 문지를 때는 고양이의 상태를 유심히 살펴야 합니다. 싫어하는 기미가 보이면 만지지 말아야 합니다.

얼굴을 가까이 대는 것은
적당히

아이들은 고양이에게 흥미가 생기면 고양이에게 얼굴을 가까이 가져다 대기도 합니다. 하지만 이런 행동은 질병이 옮을 가능성이 있으므로 조심해야 합니다.

과도한 스킨십은 질병의 원인이 되기도

고양이에게 사람이 감염될 수 있는 질병은 인수공통전염병입니다. 대표적인 질병이 회충 감염입니다. 고양이는 그루밍을 할 때 항문 부근을 핥기도 합니다. 그래서 회충에 감염된 고양이의 입 주변에서는 회충이 알을 까기도 합니다. 이때 고양이의 얼굴에 뺨을 비비거나 뽀뽀를 하면 회충이 인간에게 옮겨올 수 있습니다. 대변을 검사하면 회충 감염 여부를 알 수 있습니다. 회충이 발견되면 동물병원에서 구충제를 처방받아야 합니다.

여러 마리를
함께 키울 때

집 안에 먼저 살고 있던 고양이는 다른 고양이가 들어오면 스트레스를 받습니다. 거주 공간, 경제적 측면 등을 고려해 새로운 고양이를 들이는 시기를 결정합니다.

잘 어울려 지낼 수 있는지 판단하는 기준은 성별과 혈연관계

여러 마리를 동시에 키울 때에는 고양이끼리의 조합이 중요합니다. 가장 잘 지내는 조합은 태어났을 때부터 함께 지낸 어미와 새끼 사이 또는 형제 사이입니다. 아비와 새끼 사이는 새끼가 수컷이라면 잘 지내지 못하는 경우가 많지만 새끼가 암컷이라면 별 문제가 없습니다.

혈연관계에 있는 고양이들 다음으로 잘 지내는 조합은 수컷과 암컷, 그다음으로는 암컷끼리 지낼 때입니다.

어떤 조합이든 인연이 닿아 맞이한 고양이입니다. 여러 마리를 한꺼번에 기르기 전에 걱정스러운 점이 있다면 동물병원에서 상담을 받습니다.

1

수컷과 수컷, 새끼 고양이와 노묘의 조합은 피한다.

수컷끼리 있으면 영역 다툼을 벌일 가능성이 높으므로 이런 조합은 피하는 편이 좋습니다. 새끼 고양이와 노묘가 함께 지내면 노묘가 떼쓰는 새끼 고양이에게 스트레스를 받을 수 있습니다.

놀아줘, 놀아줘.

먼저 살고 있는 고양이를 우선으로 생각한다.
먼저 살고 있는 고양이의 성격과 나이를 고려해 새로운 고양이 입양을 결정합니다. 가능하면 1~2주 동안 시험 삼아 함께 길러보고 잘 어울려 지낼 수 있는지 판단합니다.

2

친구가 될 수 있으려나?

고양이와 개는 순서가 중요하다.

개가 먼저 살고 있으면 새끼 고양이를 별 문제 없이 집 안으로 들일 수 있습니다. 성묘를 들일 때는 고양이 홀로 지낼 수 있는 장소를 마련해주고 신중하게 환경에 순응하도록 도와야 합니다. 반면에 고양이가 먼저 살고 있다면 개를 들이기 힘들 수 있습니다.

개에게 느끼는 스트레스
개는 고양이와 함께 있어도 아무렇지 않지만 고양이는 개를 본능적으로 두려워합니다. 그만큼 스트레스도 쌓입니다.

3

펫로스 증후군이 걱정된다면 '일곱 살 터울'로 키운다.

기르던 고양이가 죽으면 펫로스 증후군으로 힘듭니다. 하지만 여러 마리의 고양이를 한꺼번에 키우면 한 마리가 죽었을 때 그 슬픔을 나머지 고양이가 위로해줍니다. 고양이의 평균수명이 약 15세이므로 그 절반인 일곱 살 터울로 새로운 고양이를 맞이하면 좋습니다. 함께 지내던 고양이 가운데 한 마리가 죽으면 남은 고양이도 불안과 쓸쓸함을 느낍니다. 되도록이면 남은 고양이와 함께 시간을 보내면서 위안을 주고받는 것이 좋습니다.

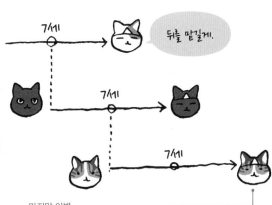

7세

뒤를 맡길게.

7세

7세

마지막 이별
사랑하는 고양이가 먼 여행을 떠난 후 장례를 치르는 방법은
① 반려동물 묘지 ② 지자체에 맡기기 ③ 집에 매장하기
이렇게 세 가지가 있습니다.

COLUMN 4.

고양이에게 주는
간식 양을 따져본다

고양이의 식사는 사료 하나면 충분합니다. 그러나 사랑하는 고양이에게 사료 외의 음식을 주고 싶어 하는 주인이 적지 않습니다. 추천할 만한 음식은 닭 가슴살입니다. 소금이나 조미료를 쓰지 않고 살짝 데친 후 먹기 편한 크기로 잘라서 줍니다. 쇠고기나 돼지고기도 양념을 하지 않고 불에 구워주면 괜찮습니다. 소고기나 돼지고기에 비해 닭고기는 저지방 고단백질이므로 살이 찌지 않는다는 장점도 있습니다.

간식으로 마른 멸치를 주는 사람도 많은데 이때는 양에 주의해야 합니다. 멸치 열 마리 정도라면 문제없다고 생각할지 모르지만 고양이의 몸무게가 가령 3킬로그램이라면 몸무게 60킬로그램의 인간보다 20분의 1밖에 되지 않습니다. 멸치열 마리는 인간으로 따지면 그 스무 배인 멸치 200마리와 같습니다. 아무도 그렇게 많은 양을 한꺼번에 먹을 수는 없습니다.

고양이에게 간식을 줄 때는 자신이 그 스무 배의 양을 먹는다고 생각합시다. 그러면 고양이에게 주는 간식의 양을 자연스럽게 깨달을 수 있을 것입니다.

제5장

쾌적한 주거 환경

환경을 정비해
쾌적한 방을 만든다

고양이의 습성을 이해한 후 고양이가 조금이라도 더 생활하기 편한 환경을 만들도록 노력합니다.

나쁘지 않아.

나이에 따라 고양이에게 어울리는 방이 다르다.

고양이에게 안전하고 쾌적한 환경을 만드는 것은 주인의 책임입니다. 실내 사육을 하는 고양이에게 '집'은 '세상' 그 자체입니다. 스트레스를 느끼거나 부상을 당하지 않도록 집 안 환경을 정비해야 합니다. 오른쪽 페이지의 그림 속 설명을 눈여겨보면서 고양이와 인간이 공존할 수 있는 방을 만들어봅시다. 고양이의 나이에 따라 주의할 점이 달라집니다. 젊은 고양이는 높은 장소로 올라가는 경우가 많지만 근력이 떨어지고 다리와 허리 힘이 약해지는 13~14세 이후에는 바닥 생활로 옮겨야 합니다. 136쪽을 참고하면서 장애물이 없는 환경을 조성합니다.

고양이를 위한 쾌적한 방 만들기

모든 고양이는 나이에 상관없이 전기 코드를 씹거나 인간의 음식에 흥미를 보입니다. 새끼 고양이는 호기심이 특히 왕성하므로 입에 넣을 수 있는 작은 물건은 반드시 치워야 합니다. 노묘는 높은 장소와 높낮이 차이를 없애는 배리어 프리(p.136)를 실시합니다.

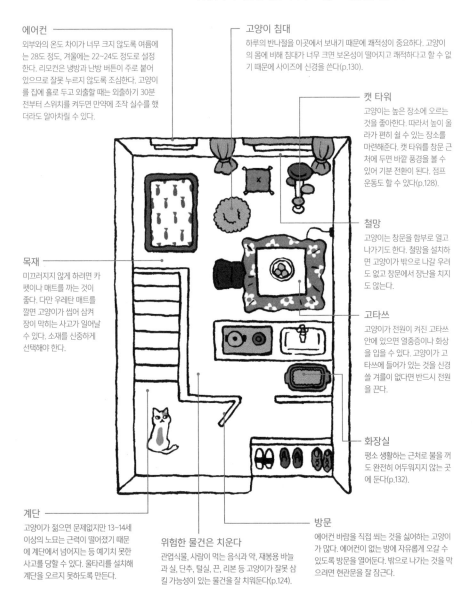

에어컨
외부와의 온도 차이가 너무 크지 않도록 여름에는 28도 정도, 겨울에는 22~24도 정도로 설정한다. 리모컨은 냉방과 난방 버튼이 주로 붙어 있으므로 잘못 누르지 않도록 조심한다. 고양이를 집에 홀로 두고 외출할 때는 외출하기 30분 전부터 스위치를 켜두면 만약에 조작 실수를 했더라도 알아차릴 수 있다.

고양이 침대
하루의 반나절을 이곳에서 보내기 때문에 쾌적성이 중요하다. 고양이의 몸에 비해 침대가 너무 크면 보온성이 떨어지고 쾌적하다고 할 수 없기 때문에 사이즈에 신경을 쓴다(p.130).

캣 타워
고양이는 높은 장소에 오르는 것을 좋아한다. 따라서 높이 올라가 편히 쉴 수 있는 장소를 마련해준다. 캣 타워를 창문 근처에 두면 바깥 풍경을 볼 수 있어 기분 전환이 된다. 점프 운동도 할 수 있다(p.128).

철망
고양이는 창문을 함부로 열고 나가기도 한다. 철망을 설치하면 고양이가 밖으로 나갈 우려도 없고 창문에서 장난을 치지도 않는다.

목재
미끄러지지 않게 하려면 카펫이나 매트를 까는 것이 좋다. 다만 우레탄 매트를 깔면 고양이가 씹어 삼켜 장이 막히는 사고가 일어날 수 있다. 소재를 신중하게 선택해야 한다.

고타쓰
고양이가 전원이 켜진 고타쓰 안에 있으면 열중증이나 화상을 입을 수 있다. 고양이가 고타쓰에 들어가 있는 것을 신경쓸 겨를이 없다면 반드시 전원을 끈다.

화장실
평소 생활하는 근처로 불을 꺼도 완전히 어두워지지 않는 곳에 둔다(p.132).

계단
고양이가 젊으면 문제없지만 13~14세 이상의 노묘는 근력이 떨어졌기 때문에 계단에서 넘어지는 등 예기치 못한 사고를 당할 수 있다. 울타리를 설치해 계단을 오르지 못하도록 만든다.

위험한 물건은 치운다
관엽식물, 사람이 먹는 음식과 약, 재봉용 바늘과 실, 단추, 털실, 끈, 리본 등 고양이가 잘못 삼킬 가능성이 있는 물건을 잘 치워둔다(p.124).

방문
에어컨 바람을 직접 쐬는 것을 싫어하는 고양이가 많다. 에어컨이 없는 방에 자유롭게 오갈 수 있도록 방문을 열어둔다. 밖으로 나가는 것을 막으려면 현관문을 잘 잠근다.

방에 두면 안 되는 물건

고양이가 먹으면 중독 증상을 일으키고 피부나 장기에 문제를 유발하는 식물도 있습니다. 독성 유무를 잘 알지 못할 수도 있으므로 방 안에 되도록이면 식물을 두지 않습니다.

얼른 치워.

고양이가 입을 댈 만한 물건을 치운다.

실내에는 고양이에게 위험한 물건이 넘쳐납니다. 대표적인 것이 관엽식물이나 꽃가지 등입니다. 고양이가 먹으면 중독 증상을 일으키는 식물은 현재 확인된 것만 해도 200~300종류나 됩니다. 백합과 식물은 독성이 가장 강합니다. 담쟁이덩굴, 포토스, 포인세티아, 수선화, 히아신스 등도 조심해야 합니다. 독성 유무를 모르는 식물도 많으므로 고양이가 지내는 방에는 관엽식물을 아예 두지 않는 편이 현명합니다. 그 외에도 고양이에게 위험해 보이는 물건은 감추거나 보호재로 감싸둡니다.

1

전기 코드에는 감전을 방지하는 커버를 씌운다.

전기 코드를 씹는 것을 좋아하는 고양이도 많습니다. 하지만 무심코 씹으면 감전 사고를 당할 수 있습니다. 따라서 전기 코드는 가구 뒤에 숨겨두어야 합니다. 숨기기 힘든 전기 코드에는 커버를 씌웁니다.

뭔가가 씌워져 있네.

혼내도 소용없다.
전기 코드를 씹는다고 혼내봤자 혼났다는 나쁜 기억만 줄 뿐 문제가 해결되지는 않습니다.

2

사람이 먹는 음식과 약을 식탁에 두지 않는다.

사람이 먹는 음식 중에는 고양이가 먹으면 위험한 것도 있습니다(p.154). 또한 사람이 먹는 약을 꺼내둔 채 방치하지 않도록 조심합니다. 종류에 따라 소량만 먹어도 고양이의 목숨에 치명적인 약이 있을 수 있습니다.

특히 더 위험한 약과 영양제
'아세토아미노펜'이라는 성분이 들어 있는 두통약이나 감기약은 중증 빈혈과 호흡 곤란을 일으킵니다. 'α-리포산'이 배합된 다이어트 식품은 한 알만 먹어도 고양이의 목숨을 빼앗습니다.

나도 좀 줘.

3

방을 정돈한다.

고양이와 함께 살다 보면 물건이 망가지거나 떨어지는 일이 자주 발생합니다. 애초에 이런 위험한 물건을 방 안에 두어서는 안 됩니다. 재난을 미연에 방지하는 데에도 중요한 일입니다.

고양이의 손이 닿지 않는 곳으로 치운다.
신발 같은 가죽 제품은 고양이가 발톱으로 할퀴어 망가지기도 합니다. 망가지면 안 되는 물건은 고양이의 손이 닿지 않는 찬장이나 장롱 안에 넣어둡니다.

다 넣어버리는 거야?

케이지에 넣어서 돌볼 때

호기심이 왕성한 새끼 고양이가 있을 때, 고양이를 일터에서 기를 때, 바느질처럼 고양이에게 위험한 일을 할 때, 고양이를 홀로 두고 외출할 때 등 여러 상황에서 케이지가 필요합니다.

넓이보다 높이를 우선

활발하게 장난치는 새끼 고양이가 있거나 고양이에게서 한시라도 눈을 떼면 안심할 수 없는 특별한 사정이 있다면 케이지에서 고양이를 키울 수도 있습니다. 케이지는 공간이 허용하는 한 클수록 좋습니다. 고양이는 점프 운동을 즐기기 때문에 마음껏 오르내릴 수 있는 높이의 케이지를 선택합니다.

케이지의 소재로는 고양이가 위로 오를 때 발톱이 걸리지 않는 철이나 플라스틱이 좋습니다. 여러 마리를 동시에 키울 때 사이좋은 고양이들은 한 케이지에 넣어도 상관없습니다. 하지만 사이가 나쁜 고양이들을 한 케이지에 넣으면 도망칠 곳이 없기 때문에 위험합니다. 이럴 때는 케이지를 따로따로 마련해줍니다.

1

화장실, 물, 식기는 반드시 넣는다.

고양이는 화장실 근처에서 식사하지 않는 습성이 있습니다. 식기와 물그릇을 케이지의 2층에 두었다면 화장실은 1층에 두는 식으로 식기와 화장실을 멀리 떨어뜨려놓습니다.

방 한 칸!
(식당, 화장실 겸용)

케이지 안에 두면 안 되는 물건

케이지 안에는 히터를 두지 않습니다. 고양이가 케이지 안에서 오랫동안 자고 있을 때 저온 화상을 입을 가능성이 있기 때문입니다.

2

케이지는 직사광선이 비치는 곳이나 완전히 어두운 곳에 두지 않는다.

낮 동안 직사광선이 내내 비치는 곳, 욕실처럼 밤에 전기를 끄면 완전히 어두워지는 곳에 케이지를 두지 않습니다. 밤에도 빛이 약간 들어오는 거실에 두는 것이 좋습니다.

집에서 홀로 지내도록 하기 위한 케이지

새끼 고양이를 집에 홀로 두고 외출할 때 호기심을 자극하는 물건이 가득한 방은 위험투성이입니다. 위험한 물건을 완전히 치우지 못했다면 고양이를 케이지에 넣는 것도 하나의 방법입니다.

3

삼킬 수 있는 작은 장난감은 넣지 않는다.

고양이가 삼키기 힘든 크기의 장난감만 케이지에 넣습니다. 커다란 공이나 굵은 줄 등이 안전합니다.

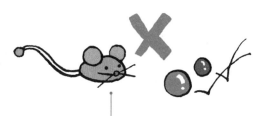

리본도 조심한다.

작은 공, 리본, 끈 달린 장난감은 조심해야 합니다. 이런 장난감을 삼키면 장이 막혀 개복 수술을 해야 할 수도 있습니다.

캣 타워로 고양이가
좋아할 만한 공간을 만든다

높은 장소를 좋아하는 고양이는 캣 타워에서 상하 운동을 할 수도 있고 휴식을 취할 수도 있습니다.

등산 고양이.

높은 장소를 만들어 적절한 운동을 시킨다.

먼저 높은 장소를 좋아하는 고양이의 습성을 이해해야 합니다. 야생에서 살 때 나무처럼 높은 곳에 올라 외부의 적으로부터 몸을 보호하고 사냥감을 물색했습니다.

운동 부족을 해소하려면 고양이가 좋아할 만한 공간을 높은 곳에 마련해줘야 합니다. 가구를 계단 모양으로 배치해주는 방법도 있지만 그보다는 캣 타워를 설치해주는 편이 훨씬 간편합니다. 높은 위치에 캣 워크(고양이만 다닐 수 있는 좁은 통로)를 설치해주는 것도 괜찮습니다.

1

창문으로 바깥이 보이는 곳에 설치

높은 곳에서 망을 보고 싶어 하는 고양이의 습성을 고려해 창문 근처에 캣 타워를 설치합니다. 풍경을 바라보면 기분 전환도 됩니다.

오늘도 이상 없음.

창밖을 바라보는 것을 좋아한다.
실내에서 생활하는 고양이에게 창문은 바깥세상으로 열려 있는 유일한 통로입니다. 창밖을 바라보면서 지루함을 달래는 고양이가 많습니다.

2

극락이로세.

휴식 장소가 되기도 한다.

시중에서 팔리는 다양한 캣 타워 중에는 고양이가 쏙 들어갈 수 있는 상자나 침대가 달려 있는 것도 있습니다. 높은 곳은 고양이에게 안전한 장소이므로 고양이가 마음 놓고 휴식을 취할 수 있습니다.

가구를 이용해 운동할 수 있도록
캣 타워를 설치할 수 없으면 박스나 의자 등을 계단 모양으로 설치해 고양이가 책장이나 장롱 위로 오를 수 있도록 합니다.

3

직접 만들 때에는 내구성에 신경을 쓴다.

캣 타워나 캣 워크는 고양이가 뛰어오를 때 상당한 충격을 받습니다. 다치지 않도록 튼튼하게 만드는 것이 중요합니다.

직접 만들기 힘들다.
전문가가 아닌 이상 튼튼한 캣 타워를 직접 만들기는 힘듭니다. 괜히 의욕만 앞서 직접 만들려고 하지 말고 목공점 등에 의뢰하는 편이 좋습니다.

괜찮겠어?

잠자리의 취향을 안다

고양이는 꼭 침대에서만 잠을 자지 않습니다. 취향에 따라 소파 등받이, 빨랫감 위, 가전제품 위 등 다양한 곳에서 잠을 잡니다.

딱딱해.

고양이에게 잠자리를 고르게 한다.

고양이는 하루의 대부분을 잠자면서 보냅니다. 그만큼 잠자리가 중요하므로 조금이라도 더 쾌적한 잠자리를 마련해주어야 합니다. 잠자리의 취향은 고양이마다 제각각입니다. 계절이나 나이에 따라서도 달라집니다. 아무리 비싼 침대를 사줘도 그 침대를 사용할지 말지는 고양이의 결정에 달려 있습니다. 고양이는 잠자리를 직접 고르고 싶어 합니다. 방 안 여러 군데에 잠자리가 될 만한 공간을 마련해두고 고양이가 어떤 재질과 형태의 잠자리를 찾는지 살펴봅니다. 여러 마리를 함께 키우면 각 고양이에게 잠자리를 따로따로 마련해주어야 합니다. 침대에 고양이가 좋아하는 이불을 깔아주면 더욱 편안하게 잠을 잡니다.

1

눈에 보이는 조용한 장소에
잠자리를 마련한다.

고양이가 편히 잠들 수 있도록 조
용하고 편안한 장소를 골라줍니
다. 고양이의 몸 상태 변화를 쉽
게 알아차릴 수 있도록 눈에 띄는
곳에 잠자리를 마련해주는 것이
가장 좋습니다.

조용히 해줘.

쾌적한 침대란?
고양이의 취향은 제각각이지
만 대체로 고양이가 쏙 들어갈
만한 크기의 침대가 좋습니다.
침대가 너무 크면 보온력이 떨
어집니다.

나쁘지 않아.

2

차가운 곳과 따뜻한 곳을
모두 만든다.

여름에는 직사광선이 줄곧 비치는
장소를 피하고 쿨 매트를 깔아줍니
다. 고양이가 스스로 차가운 곳과
따뜻한 곳을 모두 오갈 수 있도록
배려해줍니다.

잠자리를 고르는 기준
고양이는 온도와 습도가 적당하고 조용하며 안전한 장소
를 잠자리로 선호합니다. 여름에는 통풍이 잘 되는 곳, 겨
울에는 따뜻한 곳을 찾아내 그곳에서 잠을 잡니다.

3

침구의 털을 무심코 삼킬 우
려가 있다.

잠자리에 수건이나 이불 같은 침구
를 깔아주는 것도 좋지만 침구의 털
을 무심코 먹어버리는 고양이도 있
습니다. 침구를 집요하게 깨문다면
수건이나 이불을 깔지 않습니다.

이 녀석.

저온 화상 염려가 없는 탕파
고양이의 방한 용구로는 탕파를
추천합니다. 탕파는 히터보다 저온
화상을 일으킬 위험성이 낮습니다.

고양이 마음에 드는 최고의 화장실

냄새를 없애고 청결을 유지하기 위해 주인이 신경 써서 고른 시스템 화장실이 고양이의 마음에 들지 않을 수도 있습니다. 마음에 들지 않는 화장실을 어쩔 수 없이 참아가며 사용하는 고양이도 있습니다.

냄새가 가득한 화장실을 싫어한다.

고양이가 쾌적하게 배설할 수 있는 가장 좋은 화장실은 어떤 것일까요? 크기는 고양이의 머리끝에서 엉덩이까지의 길이보다 1.5배 이상이어야 하며 크면 클수록 좋습니다. 깊이는 고양이가 배설 후에 모래를 끼얹었을 때 완전히 덮일 정도면 적당합니다. 이때 배설물을 완전히 덮을 수 있을 만큼의 충분한 양의 모래가 필요합니다.

지붕이 달린 화장실은 냄새가 가득 찬다는 단점이 있습니다. 또한 배설 중에는 무방비 상태가 되기 때문에 위험이 닥쳤을 때 곧바로 도망칠 수 있는 화장실이 고양이로서는 마음이 놓입니다. 따라서 지붕이 없는 화장실을 고르는 것이 좋습니다.

1

화장실은 고양이 수보다 하나 더 많게

밤중이나 주인이 외출 중일 때는 화장실 청소가 늦어집니다. 고양이가 개운하게 배설할 수 있도록 여분의 화장실을 하나 더 마련하는 것이 좋습니다.

노묘의 화장실에는 턱을 없앤다.
노묘는 관절이 약하기 때문에 화장실의 가장자리를 넘기 힘듭니다. 화장실에 쉽게 들어가도록 화장실 앞에 경사판을 설치합니다(p.136).

나중에 깨끗이 치워줘.

화장실을 새로 맞춘다면
새 화장실을 구입한 후에는 자신의 냄새가 배어 있는, 지금까지 사용하던 모래를 넣습니다. 그러면 고양이가 거부감 없이 화장실을 사용합니다.

2

나쁘지 않군

되도록이면 실제 모래와 비슷한 것을 사용한다.

야생 고양이는 모래밭의 모래를 좋아합니다. 여러 종류의 고양이 모래 중 천연 상태에 가장 가까운 광물성 모래를 고르는 것이 가장 좋습니다.

여러 종류의 모래를 시험 삼아 사용해본다.
고양이마다 각자 좋아하는 모래 감촉이 있습니다. 몇 종류의 고양이 모래를 시험 삼아 사용해보는 것도 좋습니다.

3

평소에 시간을 보내는 장소와 멀지 않은 곳에 화장실을 둔다.

사람이 지나다니는 통로 혹은 세탁기 옆 등 커다란 소리가 나는 장소에서는 마음 편히 배설할 수 없습니다. 일상생활을 하는 곳에서 그다지 멀리 떨어져 있지 않은 장소에 화장실을 둡니다.

빛이 닿는 곳에
불을 끄면 완전히 어두워지는 장소도 피하는 것이 좋습니다. 고양이는 야행성이라서 밤에 잘 볼 수 있다고는 하지만 완전히 깜깜한 곳에서는 앞을 전혀 보지 못합니다.

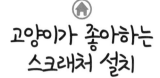

고양이가 좋아하는
스크래처 설치

스크래처는 모양과 재료가 다양합니다. 고양이 침대의 가장자리가 스크래처처럼 되어 있는 제품도 있습니다. 고양이의 취향에 맞는 스크래처를 고릅니다.

매일 갈고 싶다고.

스크래처를 두면 고양이와 사람 모두 쾌적하게 생활할 수 있다.

아무리 발톱을 열심히 깎아주어도 발톱 갈기(p.58)는 고양이의 본능적인 행동이므로 멈추지 못합니다. 그렇다고 해서 소중한 가구나 벽지에 발톱 자국을 내는 것을 지켜보고만 있을 수도 없습니다.

고양이와 사람이 서로 화목하게 지내려면 스크래처를 마련해야 합니다. 가죽 제품이나 가구 등 마킹의 대상이 되기 쉬운 물건 옆이나 방의 한쪽 구석에 스크래처를 두는 것이 좋습니다. 다양한 종류의 스크래처가 시중에 나와 있습니다. 여러 종류를 시험 삼아 사용해보고 고양이가 가장 마음에 들어 하는 것을 고릅니다.

1

여러 가지 스크래처를
시험해본다.

스크래처의 소재로는 나무, 골
판지, 삼베, 카펫 등이 있습니
다. 어떤 소재든 발톱으로 찍
고 할퀴어 발톱을 갈도록 만들
어졌습니다. 고양이마다 취향
이 다르므로 여러 종류의 스크
래처를 시험해봅니다.

소재에 따른 차이

삼베는 발톱이 잘 찍히는 데 비해
자국이 잘 남지 않습니다. 골판지는
값이 싸지만 할퀸 자국을 청소해주
어야 합니다. 원래 야생 고양이가
발톱 갈기에 사용하던 나무는 수명
이 길지만 골판지에 비하면 사용하
기 어렵다는 단점이 있습니다. 카펫
은 수명이 길지만 값이 비쌉니다.

더 날카롭게!
더 아름답게!

2

여유가 있다면 스크래처를 여
러 개 설치한다.

스크래처를 설치하기에 적당한 장소
는 따로 없습니다. 바닥에 눕히기도
하고 벽에 수직으로 붙이기도 합니다.
공간에 여유가 있다면 스크래처를 여
러 개 설치합니다.

스크래처 설치 장소

스크래처는 보호하고 싶은 가구나 방구석에 설치
합니다. 개다래나무 냄새를 약간 뿌리면 고양이는
그곳에서 발톱 갈기를 합니다.

3

새끼 고양이에게 발톱 갈기 훈
련을 시킨다.

새끼 고양이를 스크래처 앞으로 데려
가 앞발을 쥐고 발톱을 갈듯이 움직입
니다. 자신의 냄새가 묻으면 이후에는
그곳에서 발톱 갈기를 시작합니다.

정기적으로 교환한다.

발톱 갈기의 목적은 오래된 발톱을 벗기고 새로운
발톱을 자라게 하는 것입니다. 오래 사용한 스크래
처는 발톱 갈기의 효과가 약해져 결국 사용하지 않
으므로 바꿔줘야 합니다.

이게 뭐냥?

노묘가 생활하기
좋은 방을 만든다

고양이는 나이가 들수록 체력이 약해집니다. 하지만 나이가 들어서도 기운 넘치는 고양이가 없지 않으므로 고양이의 신체 능력을 살펴가며 위험 요소를 제거합니다.

체력의 한계.

고양이 배리어 프리

젊을 때는 몸을 움직일수록 뼈와 근육이 탄탄해집니다. 따라서 캣 타워처럼 상하 운동을 할 수 있는 도구가 필요합니다.

그러나 나이가 들수록 근력이 저하됩니다. 높은 곳에서 떨어지면 생각지도 못한 부상을 당할 가능성도 있습니다. 노묘 시기를 코앞에 둔 13~14세쯤부터는 캣 타워를 치우고 바닥 생활 위주로 바꿉니다. 실내에서 턱을 없애는 등 생활환경도 정비해줍니다. 노묘는 소파처럼 그다지 높지 않은 곳에서 떨어져 뼈가 부러지기도 합니다.

1

오감이 쇠퇴하는 점도 배려한다.

나이가 들면서 시력과 청력 등 오감도 노쇠합니다. 각 기능이 저하하면 주변 상황을 파악하는 능력이 떨어지기 때문에 가구의 배치를 바꾸는 일을 삼가야 합니다.

징후를 놓치지 않는다.
고양이가 시선을 마주치지 않으면 실명했을 가능성이 있습니다. 또한 고양이의 울음소리가 커지면 청력이 떨어졌다고 추측할 수 있습니다.

어, 여기가 어디지?

2

실내 온도를 관리한다.

노묘는 체온 조절을 하기 힘듭니다. 창가와 방 가운데의 온도 차이가 나지 않도록 주의해야 합니다. 또한 외부 온도와 실내 온도의 차이가 너무 크면 안 됩니다. 여름에는 28도 정도, 겨울에는 22~24도 정도가 적당합니다.

온도에도 신경 쓴다.
겨울에 실내는 건조해지기 마련입니다. 건조한 공기는 고양이에게 그다지 좋지 않습니다. 따라서 가습기를 틀어 습도를 50퍼센트 정도로 유지해야 합니다.

노약자를 위해야 하는 법.

삑!

3

턱, 캣 타워, 계단은 각별히 주의

추락 등의 예기치 못한 사고를 막으려면 캣 타워를 치웁니다. 계단 앞에는 울타리를 설치하고, 턱이 있는 곳을 오르내리지 않도록 잘 살핍니다.

운동 부족에 빠지지 않도록
노묘는 상하 운동을 하기 힘들기 때문에 운동이 부족해지기 쉽습니다. 조금씩이나마 운동을 할 수 있도록 캣 타워 대신 장난감을 갖고 놀도록 합니다. 노는 모습을 지켜보다 보면 다리를 저는 등의 신체 이상을 알아차릴 수도 있습니다.

막다른 길······

이사를 할 땐 고양이에게
스트레스를 주지 않도록

식기나 화장실 같은 고양이의 물건뿐 아니라 가구와 같은 사람의 물건도 새로 구입하지 않는 편이 좋습니다. 이사하기 전의 집과 똑같은 냄새를 그대로 지닌 채 새로운 집으로 이사합니다.

환경 변화를 가능한 한 줄인다.

이사를 하면 환경이 완전히 바뀝니다. 지금까지 익숙하던 장소에서 새로운 환경으로 옮기는 일은 주인뿐 아니라 고양이에게도 스트레스를 줍니다. 이사할 때 스트레스를 최소화하기 위해서는 세심한 주의를 기울여야 합니다.

새로운 방으로 바뀐 것도 모자라 가구까지 새롭게 바꿔버리면 고양이는 새로운 환경에 적응하는 데 시간이 많이 걸립니다. 따라서 식기, 화장실, 캣 타워, 수건 등 고양이의 냄새가 묻어 있는 물건은 되도록이면 그대로 사용합니다.

1

도망치지 않도록 잘 살핀다.

이삿짐을 옮길 때는 현관문을 줄곧 열어둡니다. 고양이가 이삿짐센터 직원들을 보고 놀라 도망칠 가능성도 있습니다. 따라서 이삿짐 작업 중에는 고양이를 캐리어에 넣어두어야 합니다.

이사가 마무리될 때까지 호텔에 맡긴다.
이삿짐 작업을 할 때는 사람과 물건이 분주하게 오갑니다. 이런 상황이 고양이에게 스트레스를 줄 수 있으므로 이삿짐 작업이 마무리될 때까지 펫 호텔에 맡기는 방법도 있습니다.

오늘은 사람이 많군.

2

예민하다고.

이사를 마친 후 고양이의 몸 상태가 좋지 않으면 동물병원으로

개체마다 차이가 있지만 고양이는 빠르면 며칠 만에, 늦어도 몇 주 만에 새로운 집에 적응합니다. 환경이 바뀌었기 때문에 식욕이 약간 떨어질 수도 있습니다. 고양이를 잘 지켜보다가 상태가 나빠질 것 같으면 동물병원에 데려가 진찰을 받도록 합니다.

증상을 구체적으로 전달한다.
동물병원에 가면 고양이의 증상을 구체적으로 전달합니다. 예를 들어 하루의 배설 횟수와 양, 먹는 사료의 양 등을 자세히 메모해 보여주면 수의사가 이해하기 쉽습니다.

3

가장 가까운 동물병원을 알아둔다.

이사 스트레스 때문에 몸 상태가 나빠질 수 있습니다. 이사하기 전에 새로운 집 근처에 있는 동물병원의 위치를 미리 조사해두면 마음이 놓입니다.

다니기 편한 가까운 거리
응급 상황이 벌어지거나 병원에 다닐 일이 자주 생길 수 있으므로 편도 30분 이내로 도착할 수 있는 거리의 동물병원이 좋습니다.

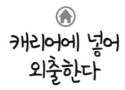

캐리어에 넣어
외출한다

고양이는 몸이 유연하기 때문에 도망칠 우려가 있으므로 개처럼 목줄을 장착하고 외출할 수 없습니다. 고양이와 외출할 때는 캐리어를 사용합니다.

위 뚜껑이 열리는 플라스틱제가 가장 좋다

고양이를 데리고 외출할 때는 캐리어를 이용합니다. 여러 종류의 캐리어가 있는데 동물병원에 데리고 갈 때는 앞면뿐 아니라 윗면까지 열리는 제품을 추천합니다. 윗면을 연 상태로 캐리어 안에 있는 고양이를 진찰할 수 있기 때문입니다. 플라스틱제는 씻기도 편리할 뿐 아니라 고양이의 발톱이 벽면에 걸리지 않아서 좋습니다.

고양이가 캐리어에 익숙해지면 재해가 일어난 긴급 상황에서 대피할 때도 도움이 됩니다.

1

평소에 방에 두고 익숙해지게 만든다.

동물병원에 갈 때만 고양이를 캐리어에 넣으면 고양이가 캐리어 자체를 경계합니다. 평소 고양이가 지내는 방에 캐리어를 두고, 들어가면 마음이 놓이는 곳이라고 인식시킵니다.

익숙한 풍경.

쾌적성을 높인다.

캐리어의 크기는 고양이가 안에서 아무렇게나 뒹굴어도 발을 뻗을 수 있을 만큼 넉넉한 정도가 좋습니다. 안에는 수건이나 이불을 깔아줍니다.

2

전철로 이동할 때는 매너를 지킨다.

전철 안에는 다양한 성격의 사람들이 타고 있으므로 차내에서는 고양이를 절대 꺼내지 않습니다. 고양이에게 부담을 주지 않으려면 출퇴근 시간대를 최대한 피해 전철을 타야 합니다.

차로 이동할 때는?

차로 이동할 때는 고양이를 캐리어에 넣고 캐리어 위로 안전벨트를 매줍니다. 여름에 차내는 50도가 넘기도 합니다. 고양이를 차에서 기다리게 할 때는 에어컨을 끄지 않습니다.

3

대기실에서도 절대 꺼내지 않는다.

동물병원의 대기실에는 다른 동물도 있습니다. 겁이 많은 고양이라면 캐리어 위로 이불이나 수건을 덮어서 시야를 가려줍니다.

장시간 이용할 때는?

캐리어에 침구를 깔아줍니다. 또한 차로 이동할 때는 가능하면 한두 시간마다 캐리어에서 고양이를 꺼내 휴식을 취하게 합니다.

굳이 친해질 필요가 있나?

주인끼리의 정보 교환

병원 대기실에서는 비슷한 고민을 안고 있는 주인끼리 만날 수 있습니다. 고민을 공유하고 정보를 교환하는 기회가 되기도 합니다.

다시 살펴보는 이상적인 방

① 캣 타워   고양이는 높은 장소를 좋아한다. 운동 부족을 해소하려면 상하 운동을 시키는 것이 중요하다. 캣 타워는 바깥 풍경이 보이는 창문 근처에 둔다. 근력이 저하되기 시작하는 13~14세쯤에는 캣 타워를 치우고 바닥 생활로 바꾼다.

② 캐리어   캐리어에 들어가는 것에 익숙해지도록 평소 고양이가 지내는 방에 캐리어를 둔다. 앞면뿐 아니라 윗면까지 열리는 플라스틱제 캐리어 케이스를 고른다.

③ 화장실   크고 깊으며 지붕이 없는 화장실을 준비한다. 고양이 모래는 가능하면 실제 모래와 비슷한 것으로 마련한다. 고양이의 수보다 하나 더 많은 수의 화장실을 설치하는 것이 바람직하다. 마음 편히 배설할 수 있는 장소, 일상생활을 하는 곳에서 그다지 멀리 떨어져 있지 않은 장소에 화장실을 둔다.

④ 책상 위   고양이가 무심코 무언가를 삼키거나 중요한 물건으로 장난치지 않도록 책상 위를 깨끗이 치운다. 사람이 먹는 음식이나 약을 고양이가 먹으면 위험하므로 주의해야 한다.

⑤ 차가운 장소   여름에 에어컨 바람을 직접 쐬는 것을 싫어하는 고양이도 있다. 쿨 매트를 깔아서 고양이가 차가운 장소로 자유롭게 이동할 수 있도록 배려한다.

⑥ 전기 코드의 커버   고양이가 전기 코드를 씹으면 감전될 우려가 있다. 전기 코드를 가능하면 보이지 않는 곳으로 숨겨야 하지만, 아무리 숨기려고 해도 숨길 수 없는 경우에는 감전 방지용 커버를 씌운다.

⑦ 스크래처   발톱 갈기는 고양이의 본능적인 행동이다. 가구나 벽지가 상하는 것이 싫다면 스크래처를 마련한다. 공간에 여유가 있다면 스크래처를 여러 개 두는 것이 좋다.

⑧ 잠자리   잠자리를 여러 군데 마련해두고 고양이가 직접 잠자리를 고르게 한다. 고양이가 편안함을 느끼는 장소, 주인의 눈에 띄는 장소에 잠자리를 두는 것이 가장 좋다.

제6장

고양이에게
도움이 되는 데이터와 시트

고양이의 수명과 삶의 단계

집고양이, 반실외 사육 고양이, 길고양이는 평균수명에서 차이가 납니다. 또한 고양이와 인간의 성장 속도도 다릅니다.

집고양이의 평균수명은 15세

평균수명은 어떤 환경에서 생활하느냐에 따라 차이가 납니다. 완전한 실내 생활을 하는 '집고양이'는 평균수명이 약 15세, 실내와 실외를 오가며 생활하는 '반실외 사육 고양이'는 약 12세, 실외 생활만 하는 '길고양이'는 5~10세입니다. 동물 의료가 발달하고 주인의 의식이 향상되면서 전에 비해 집고양이의 평균수명은 조금씩 늘어나고 있습니다. 인간의 음식을 받아먹는 일이 줄어들고, 사료의 품질이 높아진 것도 평균수명이 늘어난 요인입니다. 반실외 사육 고양이와 길고양이는 교통사고와 감염증의 위험에 노출되어 있기 때문에 집고양이보다 평균수명이 짧습니다.

고양이와 인간의 나이 환산표

고양이는 인간보다 몇 배나 빠른 속도로 성장합니다. 태어난 지 18개월이 지나면 이미 성인이며 10세가 되면 중년에 도달합니다. 노화의 속도도 인간보다 빠릅니다

삶의 단계	고양이의 나이	사람의 나이	필요한 돌봄
자묘기 가장 활발하며, 고양이 사회의 규칙을 배우는 시기다.	0~1개월	0~1세	이물질을 삼키지 않도록 주의한다. 또한 건강검진과 백신 접종은 몸 상태가 좋은 날에 받도록 한다. 백신 접종은 부작용을 살펴야 하기 때문에 오전 중에 받는 것이 좋다.
	2~3개월	2~4세	
	4개월	5~8세	
	6개월	10세	
청년기 어른이 되기 직전이며, 성성숙을 맞이하는 시기다. 암컷은 생후 5~12개월, 수컷은 생후 8~12개월에 성성숙을 한다.	7개월	12세	중성화 수술이나 피임 수술을 하는 시기(생후 6개월 이후, 몸무게 2.5kg 이상)다. 또한 사료를 새끼 고양이용에서 성묘용으로 바꾼다.
	12개월	15세	
	18개월	21세	
	2세	24세	
성묘기 기력과 체력이 가장 좋은 시기다. 길고양이 사이의 우두머리는 대부분 이 나이대다.	3세	28세	정신적·육체적으로 가장 건강한 시기다. 하지만 질병에 대비할 필요는 있다. 1년에 한 번 건강검진을 받는다.
	4세	32세	
	5세	36세	
	6세	40세	
장년기 체력이 서서히 떨어지는 시기다. 현대의 의료 수준에 도달하기 전에는 이 시기부터 '시니어'로 여겨졌다.	7세	44세	
	8세	48세	
	9세	52세	
	10세	56세	
중년기 '시니어'로 불리기 시작하는 시기다. 13세부터 눈, 무릎, 발톱 등에서 노화가 눈에 띈다.	11세	60세	운동 능력이 쇠퇴하기 시작하므로 캣 타워의 높이를 낮춘다. 질병도 늘어나기 때문에 식욕, 몸무게, 마시는 물의 양을 세심히 관찰한다.
	12세	64세	
	13세	68세	
	14세	72세	
노묘기 여생을 느긋하게 보내는 한편 몸 상태가 급격히 나빠지는 시기다. 생활환경을 바꾸거나 집에 홀로 두는 일은 반드시 피해야 한다.	15세	76세	오감이 쇠퇴하고 환경 변화에 대응하기 어려워지기 때문에 이사를 하거나 가구 배치를 바꾸는 일을 피한다. 질병에 걸릴 가능성이 더욱 높아진다. 날마다 유심히 살피다가 이상이 있다 싶으면 동물병원에서 상담을 받는다.
	16세	80세	
	17세	84세	
	18세	88세	
	19세	92세	
	20세	96세	
	21세	100세	
	22세	104세	
	23세	108세	
	24세	112세	
	25세	116세	

참고 자료: AAFP(미국고양이수의사회), AAHA(미국동물병원협회)

동물병원을 선택할 때
체크 사항

고양이에게 친화적인 동물병원이 늘어나고 있습니다. 꼼꼼히 따져보고 자신의 고양이에게 맞는 동물병원을 선택합니다.

고양이에게 스트레스를 주지 않는 병원을 고른다.

동물병원에 갈 때마다 스트레스를 크게 받는 고양이가 많습니다. 하지만 최근에는 고양이 전문 동물병원이 해마다 늘어나고 있어 상황이 나아지는 추세입니다.

세계고양이수의사회(ISFM*)에서는 국제 기준에 따라 '고양이 친화 병원'을 인증합니다. '대기실을 개와 고양이로 분리한다.', '고양이용 진찰실이 따로 있다.' 등 100가지 이상의 항목을 얼마나 충족하는지에 따라 수준별로 인증합니다. 동물병원을 선택할 때 기준으로 삼으면 좋습니다.

* International Society of Feline Medicine의 약자로 영국에 본부가 있으며, 고양이에 관한 전문가가 설립했습니다. 한국의 고양이 수의사 단체로는 한국고양이수의사회(KSFM)가 있습니다.—옮긴이

동물병원 체크 사항

☐ 대기실과 진찰실 등 병원 내부가 청결한가 ?

☐ 질병 , 치료 , 검사에 관해 꼼꼼히 설명해주는가 ?

☐ 고양이를 정성껏 다루는가 ?

☐ 고양이에 관한 지식이 상세하고 풍부한가 ?

☐ 치료와 검사에 드는 비용을 사전에 제시해주는가 ?

☐ 진료비의 명세를 쉽게 알 수 있는가 ?

☐ 사소한 질문이나 상담에도 정성껏 답변해주는가 ?

☐ 통원하기 쉬운 위치에 있는가 ? 또는 왕진이 가능한가 ?

☐ 다른 수의사의 소견에도 관심을 기울여주는가 ?

☐ 수의사와 성격이 잘 맞는가 ?

고양이 한 마리를
평생 기르는 데 드는 비용은 130만 엔

건강관리에 돈을 아끼지 않으면 결과적으로 질병 치료에 드는 비용을 아낄 수 있습니다.

유비무환이로다.

만약을 대비해 미리미리 저축한다.

고양이를 기르기 위해서는 돈이 듭니다. 집고양이의 평균수명은 15세입니다. 일본
에서 15년 동안 고양이를 기르는 동안 건강검진비와 예방접종비를 포함해 한 마리당
130만 엔 정도의 비용이 듭니다. 특히 질병에 자주 걸리는 10세 이후에는 의료비가
급증합니다. 고양이를 분양받은 직후부터 고양이를 위한 저축을 시작하면 의료비 지
출에 어느 정도 대비할 수 있습니다. 새끼 고양이 때부터 양질의 식사를 제공하는 한
편 건강검진과 예방접종에도 돈을 아끼지 말아야 합니다. 그래야 질병을 예방하거나
조기 발견하는 데 큰 도움이 되기 때문입니다.

고양이의 사육 비용

아래에 나타낸 각 원그래프에서 가장 응답률이 많은 항목을 참고해 고양이 사육에 드는 비용의 기준을 대략적으로 산출해보겠습니다. 1년 동안 식사비 3만 엔, 의료비 3만 엔, 기타 3만 엔, 총 9만 엔의 비용이 필요합니다. 평균수명이 15세이므로 평생토록 들어가는 금액은 약 135만 엔입니다. 초기 비용을 포함하면 그 이상의 금액이 필요하다는 결론이 나옵니다.

가장 많은 응답률을 보인 항목은 연간 '1만 엔~3만 엔 미만'이고, 고양이 사육자의 삼분의 일 이상이 이에 해당한다. 의료비와 기타 비용에 비해 3만 엔~10만 엔의 비율이 높다는 사실로도 고양이의 식사에 대한 주인의 의식이 높아졌음을 엿볼 수 있다.

식사비

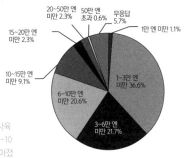

의료비(연간)

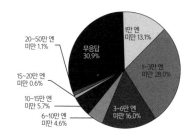

연간 '1~3만 엔 미만'이 가장 많고, 고양이 사육자의 4분의 1 이상이 이에 해당한다. 다음으로 많은 응답률을 보인 항목은 '3~6만 엔 미만'이다.

기타 비용

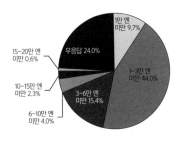

연간 '1~3만 엔 미만'이 고양이 사육자의 약 절반을 차지한다. 다음으로 많은 응답률을 보인 항목은 '3~6만 엔 미만'이다.

초기 비용

식기 1,000~2,000엔	캐리어 케이스 3,000~1만 엔
스크래처 500~4,000엔	목줄 500~3,000엔
화장실 2,000~4,000엔	손질 용품 4,000~1만 엔
침대 1,000~1만 엔	총 1만 2,000엔~4만 3,000엔

원그래프는 도쿄 도의 개와 고양이 사육 실태 조사(2011년)를 토대로 작성(n=175).

품종별로 잘 걸리는 질병

순종은 인간이 만든 품종입니다. 키우기 전에 각 품종의 특성을 알아두는 것이 중요합니다.

순종에게는 걸리기 쉬운 질병이 따로 있다.

개만큼 많지는 않지만 고양이 역시 품종별로 '스탠더드*'가 정해져 있는 순종이 있습니다. 얼굴 생김새, 체형, 털 길이 등 인간이 원하는 고양이의 특징을 오랜 기간 동안 반영해서 만들어낸 품종이 순종입니다. 잡종과 달리 순종은 같은 혈통끼리 교배하기 때문에 품종에 따라 유전적으로 특정 질병이 잘 발생합니다. 어떤 질병이 잘 발생하는지 키우기 전에 미리 알아두는 것이 중요합니다. 품종마다 성격도 다릅니다.

* 캣 클럽에서 정해놓은 각 품종의 특징

품종별 특성 및 잘 걸리는 질병

인기 있는 순종과 걸리기 쉬운 질병을 소개합니다. 표 이외에도 노르웨이 숲 고양이는 당원 병과 비대형 심근증 등이, 벵골 고양이는 말초 신경 장애 등이, 샴 고양이는 접합형 표피 수포증 등이, 브리티시 쇼트 헤어 고양이는 다발성 신낭포 등이 걸리기 쉬운 것으로 알려져 있습니다.

		품종	성격	잘 걸리는 질병
대형 (5kg 이상)		메인 쿤	붙임성이 있음, 차분	심장병(비대형 심근증)
		래그돌	차분, 얌전	심장병(비대형 심근증)
중형 (3kg~5kg)		스코티시 폴드	온화	골연골이형성증, 심장병(비대형 심근증)
		먼치킨	활발, 쾌활	누두흉, 관절 질환, 피부 질환
		아메리칸 쇼트헤어	차분, 활발	심장병(비대형 심근증)
		아비시니안	활발, 장난스러움	혈액병, 간장병, 아토피 및 알레르기에 의한 피부 질환, 눈병, 아밀로이드증
		페르시안	차분, 느긋함	신장병, 눈병, 피부 질환
소형(2kg~3kg)		싱가푸라	얌전, 붙임성이 있음	피루브산키나아제 결핍증

주의해야 할 질병

고양이가 가장 많이 걸리는 질병은 신장병입니다. 어떤 질병이든 조기 발견과 조기 치료가 중요합니다.

질병의 신호를 놓치지 않는다.

고양이가 가장 많이 걸리는 질병은 신장병입니다. 신장병은 병명이 아니라 신장 기능이 나빠지는 병을 총칭하는 말입니다. 신장병은 다양한 질병을 포함합니다. 병세를 악화시키지 않으려면 조기 발견이 필수입니다. 물을 많이 마시고 소변을 자주 보는 증상, 식욕이 없거나 구토를 하는 증상, 살이 빠지는 증상 등이 신장병의 징후입니다. 이런 징후가 보이면 동물병원에서 검사를 받아야 합니다. 구체적인 병명을 알아낸 후 약을 복용하거나 점적주사를 맞는 등 상태에 따라 치료를 받습니다.

신장병 외에도 주의해야 할 주요 질병을 오른쪽 표로 나타냈습니다. 이 중에는 백신으로 예방할 수 있는 질병도 있습니다.

고양이가 잘 걸리는 질병

백신 접종과 완전 실내 사육으로 예방 가능

백신 접종으로 예방 가능

병명	감염 원인 및 주요 증상	병명	감염 원인 및 주요 증상
고양이 면역 부전 바이러스 감염증 (고양이 에이즈)	고양이끼리 싸우다가 생기는 상처를 통해 감염된다. 무증상 잠복기를 거쳐 증상이 나타난다. 감염되면 완치를 기대할 수 없지만, 증상이 나타나지 않는 경우도 있다.	기관지염·폐렴	바이러스성으로 고양이가 감기가 악화되면서 생기는 경우가 많다. 증세가 나타나면 진행이 빠르기 때문에 병을 인식하자마자 지체 없이 치료해야 한다.
	주요 증상은 면역 기능의 저하, 만성 구내염 등이다.		주요 증상은 지속적인 기침, 발열, 폐렴에 의한 호흡 곤란 등이다.
고양이 백혈병 바이러스 감염증	감염된 고양이의 타액과 접촉해 감염되거나 어미 고양이의 배 속에서 감염되는 경우가 많다. 수주 혹은 수년의 잠복 기간이 있다. 증상이 나타나면 회복할 가능성이 적다.	림프종	백혈구의 일종인 림프구의 암
	주요 증상은 식욕 부진, 발열, 설사, 빈혈, 림프종 등이다.		암이 발생한 위치에 따라 식욕 부진이나 체중 감소가 나타나는 것이 주요 증상이다. 암은 조기에 발견되기 어려우므로 주의해야 한다.
고양이 바이러스성 비기관염	감염된 고양이와 직접 접촉, 콧물, 타액으로 감염된다. 체력이 저하되었을 때 걸리며 한번 감염되면 체내에 바이러스가 남는 경우가 있다.	유선 종양	유선에 종양이 생기는 질병이다. 고령의 암컷 고양이가 잘 걸린다. 약 90퍼센트가 악성이며, 폐와 림프절로 전이되기 쉽다.
	주요 증상으로 재채기, 콧물, 발열, 결막염 등이 있다.		주요 증상은 흉부와 복부에 딱딱한 멍울이 보이는 것이다. 일찌감치 피임 수술을 받으면 발생률이 낮아진다.
고양이 범백혈구 감소증	감염된 고양이와 접촉해 감염된다. 장에 염증을 일으키고 백혈구가 급속도로 감소한다. 치사율이 높은 질병이다.	당뇨병	높은 혈당치가 지속되는 병이다. 인간의 당뇨병에 비하면 심각한 증상으로까지 발전하지는 않는다.
	주요 증상은 발열, 구토, 혈변이다. 새끼 고양이의 경우에는 특히 심한 구토와 설사를 반복한다.		주요 증상은 다음다뇨, 구토, 발뒤꿈치로 걷기, 잘 먹는데도 체중 저하 등이다. 비만인 고양이가 잘 걸리기 때문에 평소에 체중 관리를 하면 예방할 수 있다.
고양이 칼리시 바이러스 감염증	감염된 고양이와 접촉해 감염된다. 칼리시 바이러스가 원인이 되어 발생하는 고양이 감기의 일종이다.	갑상선 기능 항진증	갑상선 호르몬이 비정상적으로 분비되어 신진대사가 좋아지고 에너지를 대량으로 소비하는 병이다. 8세 이후의 고령 고양이에게 흔히 발생한다.
	주요 증상은 눈곱, 침 흘림, 눈물, 재채기다. 중증이 되면 구내염이 생기거나 혀에 궤양이 생긴다. 새끼 고양이와 노묘는 각별히 주의해야 한다.		주요 증상은 식욕 왕성, 체중 감소, 불안정, 공격적 행동 등이다. 조기 발견이 중요하다.
고양이 클라미디아 감염증	감염된 고양이와 접촉해 감염된다.	방광 결석	방광 내에 결석이 생기는 병이다. 결석이 방광 점막을 자극함으로써 방광염을 일으킨다.
	재채기, 기침, 눈곱 등 감기 증상과 매우 비슷하고, 결막염이 생기는 경우가 많다. 초기에 대처하면 금방 낫지만 중증이 되면 목숨이 위험해진다.		주요 증상은 혈뇨, 빈뇨 등이다. 물을 자주 마시고 요로 결석을 막는 사료를 먹는 것으로 예방할 수 있다.
고양이 전염성 복막염(FIP)	복막염이나 흉막염을 일으키는 바이러스성 질병으로 치사율이 높다. 형태에 따라 눈이나 신장에 심한 염증을 일으키기도 한다.	거대 결장증	다양한 원인으로 장의 기능이 저하되고 결장에 변이 쌓이는 병이다. 결장이 확대되면 변을 밀어내는 힘이 사라지고 변이 더 쌓인다.
	주요 증상은 배와 가슴에 물이 참, 식욕 부진, 발열, 설사 등이다. 스트레스가 없는 생활로 예방할 수 있다.		주요 증상은 변비다. 만성화되면 식욕 부진, 구토 등도 나타난다. 변비를 해소하면 예방할 수 있다.

* 원인 가운데 하나인 고양이 백혈병 바이러스 감염증을 백신 접종으로 예방할 수 있다.

고양이에게 주면 안 되는 음식

사람의 음식을 고양이가 먹으면 이상 증세가 나타날 수 있습니다. 증상이 나타나기까지 시간이 걸리는 음식도 있고, 관련성이 제대로 밝혀지지 않은 음식도 있습니다.

고양이 사료만으로 충분

고양이는 기본적으로는 고양이 사료만 주면 영양 면에서 문제가 없습니다. 26쪽에서도 설명했듯이 주식으로는 반드시 '종합 영양식'이라 표기된 사료를 선택합니다.

사람의 음식 중에는 고양이가 먹으면 중독 증상을 일으키거나 질병의 원인으로 작용하는 것이 있습니다. 식사를 하는 도중에 고양이가 다가오면 '조금은 괜찮겠지.' 하는 생각에 음식을 나눠주고 싶습니다. 하지만 한 번 나눠주기 시작하면 고양이는 매번 음식을 달라고 조르고, 고양이가 먹어서는 안 되는 음식까지 무심코 먹게 됩니다. 고양이가 사람의 음식을 받아먹어서는 절대 안 됩니다.